卓越系列·国家示范性高等职业院校重点建设专业教材(计算机类)

Windows 网络环境管理

主　编　边宇枢

U0131986

天津大学出版社
TIANJIN UNIVERSITY PRESS

内 容 简 介

本书全面介绍了管理基于 Windows 的网络环境的各项应用技术,主要包括:创建域、管理域用户账户与组账户、Web 服务、FTP 服务、电子邮件服务、流媒体服务、代理服务等。旨在引导读者掌握使用活动目录对基于 Windows 的网络环境进行高级管理的技术以及若干重要的面向 Internet 的网络应用技术,初步具备为用户提供网页浏览、文件传输、收发电子邮件、流媒体服务以及安全访问 Internet 等功能的能力。

本书突出实用性和可操作性,语言通俗易懂,配有大量演示性图例,内容循序渐进,具有较好的学习参考价值。适合高等院校相关专业学生学习使用,也可作为从事 Internet 工作的科技人员和广大爱好者的学习参考书。

图书在版编目(CIP)数据

Windows 网络环境管理/边宇枢主编. —天津:天津大学
出版社,2009.3
 (卓越系列)
国家示范性高等职业院校重点建设专业教材. 计算机类
ISBN 978-7-5618-2946-2

Ⅰ. W… Ⅱ. 边… Ⅲ. 窗口软件,Windows – 高等学校:技
术学校 – 教材   Ⅳ. TP316.7

中国版本图书馆 CIP 数据核字(2009)第 030712 号

出版发行	天津大学出版社
出 版 人	杨欢
地　　址	天津市卫津路 92 号天津大学内(邮编:300072)
电　　话	发行部:022-27403647　邮购部:022-27402742
网　　址	www. tjup. com
印　　刷	天津泰宇印务有限公司
经　　销	全国各地新华书店
开　　本	169mm×239mm
印　　张	12.75
字　　数	272 千
版　　次	2009 年 3 月第 1 版
印　　次	2009 年 3 月第 1 次
印　　数	1－3 000
定　　价	25.00 元

卓越系列·国家示范性高等职业院校重点建设专业教材(计算机类)

编审委员会

总序

"卓越系列·国家示范性高等职业院校重点建设专业教材(计算机类)"(以下简称"卓越系列教材")是为适应我国当前的高等职业教育发展形势,配合国家示范性高等职业院校建设计划,以国家首批示范性高等职业院校建设单位之一——天津职业大学为载体而开发的一批与专业人才培养方案捆绑、体现工学结合思想的教材。

为更好地做好"卓越系列教材"的策划、编写等工作,由天津职业大学电子信息工程学院院长丁桂芝教授牵头,专门成立了由高职高专院校的教师和企业、研究院所、行业协会、培训机构的专家共同组成的教材编审委员会。教材编审委员会的核心组成员为丁桂芝、邱钦伦、杨欢、徐孝凯、安志远、高文胜、李韵琴。核心组成员经过反复学习、深刻领会教育部《关于全面提高高等职业教育教学质量的若干意见》(教高[2006]16号)及教育部、财政部《关于实施国家示范性高等职业院校建设计划 加快高等职业教育改革与发展的意见》(教高[2006]14号),就"卓越系列教材"的编写目的、编写思想、编写风格、体系构建方式等方面达成了如下共识。

1. 核心组成员发挥各自优势,物色、推荐"卓越系列教材"编审委员会成员和教材主编,组成工学结合作者团队。作者团队首先要学习、领会教高[2006]16号文件和教高[2006]14号文件精神,转变教育观念,树立高等职业教育必须走工学结合之路的思想。校企合作,共同开发适合国家示范性高等职业院校建设计划的教学资源。

2. "卓越系列教材"与国家示范校专业建设方案捆绑,力争成为专业教学标准体系和课程标准体系的载体。

3. 教材风格按照课程性质分为理论+实验课程教材、职业训练课程教材、顶岗实习课程教材、有技术标准课程教材和课证融合课程教材等类型,不同类型教材反映了对学生不同的培养要求。

4. 教材内容融入成熟的技术标准,既兼顾学生取得相应的职业资格认证,又体现对学生职业素质的培养。

追求卓越是本系列教材的奋斗目标，为我国高等职业教育发展勇于实践、大胆创新是"卓越系列教材"编审委员会努力的方向。在国家教育方针、政策引导下，在各位编审委员会成员和作者团队的协同工作下，在天津大学出版社的大力支持下，向社会奉献一套"示范性"的高质量教材，不仅是我们的美好愿望，也必须变成我们工作的实际行动。通过此举，衷心希望能够为我国职业教育的发展贡献自己的微薄力量。

借"卓越系列教材"出版之际，向长期以来给予"卓越系列教材"编审委员会全体成员帮助、鼓励、支持的前辈、专家、学者、业界朋友以及幕后支持的家人们表示衷心感谢！

"卓越系列教材"编审委员会
2008 年 1 月于天津

前言

　　在众多的网络操作系统中,Windows 网络操作系统由于具有功能强大、界面友好、易于操作等优点,目前正在各行各业中被广泛使用。因此,为了能够更好地满足企业的各种实际需求,尤其是面向 Internet 的需求,在掌握了 Windows 网络操作系统的基本管理知识与技术的基础上,还需要进一步掌握管理基于 Windows 的网络环境的高端应用技术。

　　本书是国家示范性高等职业院校重点建设的计算机类专业教材之一,比较全面地介绍了基于 Windows 网络环境的各项重要应用技术,旨在引导读者掌握使用活动目录对基于 Windows 的网络环境进行高级管理的技术以及面向 Internet 的多项网络应用技术,初步具备为用户提供网页浏览、文件传输、收发电子邮件、流媒体服务以及安全访问 Internet 等功能的能力。书中的内容并不片面追求理论深度,而是侧重突出相关技术的应用与实践,做到实用性与可操作性并重。在章节的安排上,强调基本概念的介绍,注重由浅入深、循序渐进,详细介绍了各项管理工作的配置步骤并且配有大量演示性图例。本书语言精练、通俗易懂,非常适合初学者的学习;适合于高等院校相关专业学生学习使用,也可作为从事 Internet 工作的科技人员和广大爱好者的学习参考书。

　　为了帮助任课教师更好地备课,按照教学计划顺利完成教学任务,我们将对选用本教材的授课教师免费提供一套包括电子教案、教学大纲、教学计划、教学课件,本门课程的电子习题库、电子模拟试卷、实验指导、有关例题源代码等在内的完整的教学解决方案,从而为读者提供全方位的、细致周到的教学资源增值服务(索取教师专用版光盘的联系电话:022－85977234,电子信箱:zhaohongzhi1958@126. com)。

　　本教材由边宇枢老师负责全书的整体安排、内容选择和编写工作。在编写的过程中,得到邱钦伦老师、高志慧老师等的大力支持,他们为本书提供了大量宝贵的建议。此外,天津大学出版社的编辑也为本书投入了很大的精力,在此一并致谢。

　　由于编写时间较短,书中错误之处在所难免,希望广大读者给予指正。

作　者

2009 年 2 月

学习引导

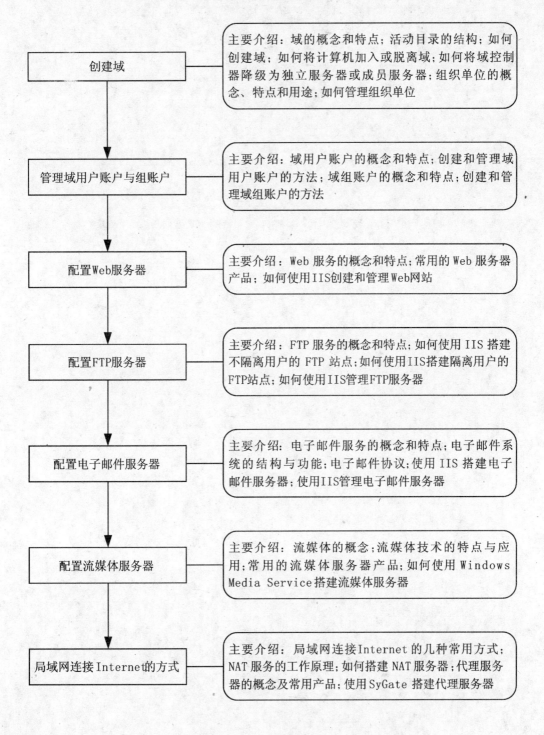

创建域 → 主要介绍：域的概念和特点；活动目录的结构；如何创建域；如何将计算机加入或脱离域；如何将域控制器降级为独立服务器或成员服务器；组织单位的概念、特点和用途；如何管理组织单位

管理域用户账户与组账户 → 主要介绍：域用户账户的概念和特点；创建和管理域用户账户的方法；域组账户的概念和特点；创建和管理域组账户的方法

配置Web服务器 → 主要介绍：Web 服务的概念和特点；常用的 Web 服务器产品；如何使用IIS创建和管理Web网站

配置FTP服务器 → 主要介绍：FTP 服务的概念和特点；如何使用 IIS 搭建不隔离用户的 FTP 站点；如何使用IIS搭建隔离用户的FTP站点；如何使用IIS管理FTP服务器

配置电子邮件服务器 → 主要介绍：电子邮件服务的概念和特点；电子邮件系统的结构与功能；电子邮件协议；使用 IIS 搭建电子邮件服务器；使用IIS管理电子邮件服务器

配置流媒体服务器 → 主要介绍：流媒体的概念；流媒体技术的特点与应用；常用的流媒体服务器产品；如何使用 Windows Media Service搭建流媒体服务器

局域网连接Internet的方式 → 主要介绍：局域网连接Internet 的几种常用方式；NAT 服务的工作原理；如何搭建 NAT 服务器；代理服务器的概念及常用产品；使用SyGate 搭建代理服务器

目　录

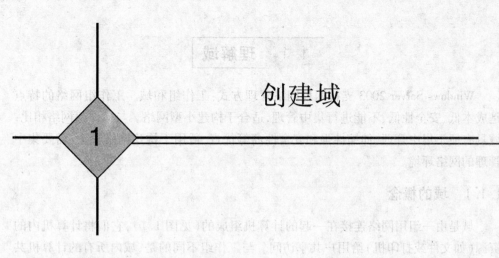

创建域

与工作组相比,域具有便于集中管理、伸缩性强以及安全性高等优点,适用于构建网络较大、需要集中管理的网络环境。

📖 本章主要内容

- ☑ 理解域
- ☑ 活动目录的结构
- ☑ 创建域
- ☑ 将计算机加入或脱离域
- ☑ 将域控制器降级为独立服务器或成员服务器
- ☑ 管理组织单位

🗝 本章学习要求

- ☑ 理解域的概念、特点
- ☑ 理解活动目录的结构
- ☑ 掌握创建域的方法
- ☑ 掌握将计算机加入或脱离域的方法
- ☑ 掌握将一台域控制器降级为独立服务器或成员服务器的方法
- ☑ 理解组织单位的概念、特点和用途
- ☑ 掌握管理组织单位的方法

1.1　理解域

Windows Server 2003 支持两种网络管理方式：工作组和域。工作组网络的特点是成本低、安全性低、不能进行集中管理，适合于构建小型网络。与工作组网络相比，域具有便于集中管理、伸缩性强和安全性高等优点，适用于构建网络较大、需要集中管理的网络环境。

1.1.1　域的概念

域是由一组用网络连接在一起的计算机组成的（见图 1.1），它们将计算机内的资源（如文件或打印机）给用户共享访问。与工作组不同的是，域内所有的计算机共享一个集中式的安全数据库，该数据库包含着整个域中所有的用户账户信息、安全信息和资源信息。负责管理与维护这个安全数据库的功能组件被称为"活动目录"（Active Directory），该安全数据库就是活动目录数据库。

在一个 Windows 网络中可以有多个域，每个域都是一个独立的实体，都是一个独立的安全范围，必须具有不同的名称。域管理员可以对本域内的资源和用户账户进行管理。

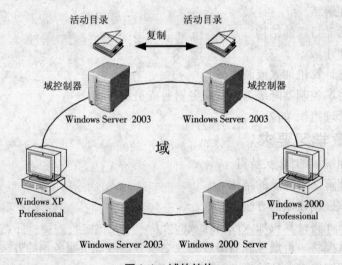

图 1.1　域的结构

1.1.2　域中计算机的角色

在一个域中，可以存在以下几种计算机角色。

1. 域控制器

在域中用来存储活动目录数据库的计算机被称为"域控制器"（Domain Controller），只有服务器级的计算机才能作为域控制器。在 Windows Server 2003 家族中，Windows Server 2003 标准版、企业版和数据中心版的计算机可以作为域控制器，而 Windows Server 2003 Web 版的计算机不能作为域控制器。一个域中至少具有一台域控制器，也可以有多台域控制器。这些域控制器的地位是平等的，它们都存储着一份相同的活动目录数据库。当任何一台域控制器的活动目录做了更改时，该更改内容会自动复制到其他域控制器的活动目录中，从而保证这些域控制器中活动目录数据的一致性。例如，在任何一台域控制器中建立一个用户账户，该账户将被添加到该域控制器的活动目录数据库中，然后该账户的数据会被自动复制到其他域控制器中。当用户在域中的某台计算机上登录该域时，域中的一台域控制器将根据活动目录数据库来审核该用户账户和密码是否正确。当域中有多台域控制器时，这些域控制器可以实现容错。例如，当一台域控制器出现故障时，其他域控制器仍然可以继续提供服务。此外，还可以实现负载平衡。例如，同时有大量用户账户登录同一个域时，由该域中的多台域控制器对这些用户账户和密码进行审核，从而提高了工作效率。

2. 成员服务器

在域中，那些安装了服务器级操作系统但并不存储活动目录的计算机被称为"成员服务器"。例如，Windows Server 2003、Windows 2000 Server 或 Windows NT Server 计算机都可以是成员服务器。在一个域中，成员服务器不是必须的，可有可无。如果在成员服务器上安装了活动目录，它们便会升级为域控制器；如果从域控制器中卸载了活动目录，它们便降级为成员服务器。另外，如果一台服务器级计算机没有加入到域中，即为工作组中的服务器，则此计算机被称为"独立服务器"。

3. 工作站

在域中，那些安装了客户端操作系统的计算机被称为"工作站"，例如 Windows XP Professional、Windows 2000 Professional 或 Windows NT Workstation 计算机。在一个域中，工作站也不是必须的，可有可无。工作站无法存储活动目录，因而不可能升级为域控制器。用户可以通过工作站登录到域，从而访问域中的资源。

因此，在一个域中，至少需要具有一台域控制器，而成员服务器和工作站可有可无。从而可以得知：一个最简单的域将只包含一台计算机，而这台计算机一定是该域的域控制器。

1.1.3 域的特点

域网络结构具有以下 5 个特点。

（1）域中所有计算机共享一个活动目录数据库，该活动目录数据库包含了整个域中所有的资源信息、用户账户信息与安全信息。在域中，域管理员可以通过管理域的活动目录数据库来实现对整个域的资源和用户账户进行统一的管理，因此域为集中式管理方式。而在工作组中，每台计算机都有一个 SAM 数据库，并由每台计算机的本地管理员分别管理各自计算机内的资源和用户账户，为对等式管理方式。

（2）一个域具有一个活动目录数据库，而且域中所有的安全信息都集中存储在这个活动目录数据库中，因此管理员可以通过制定强有力的安全策略来保证整个域的安全，所以一个域是一个安全范围。与工作组相比，域网络结构具有更高的安全级别。

（3）在域中，域管理员可以在活动目录数据库中为用户创建"域用户账户"。域用户账户都保存在活动目录数据库中，因此，一个用户只要拥有一个域用户账户，便可以在域中的任意一台计算机上登录，访问域中所有计算机上允许访问的资源。而在工作组中，用户使用本台计算机 SAM 数据库中的用户账户只能访问本台计算机中的资源，而不能访问其他计算机中的资源。与工作组相比，域可以大大简化对用户访问资源的管理。例如：假设在一个工作组中有 100 台计算机，用户王某希望访问这 100 台计算机中的资源，这时管理员需要在 100 台计算机中分别为王某建立用户账户；而在域中，域管理员只需为王某建立一个域用户账户，王某便可以使用该域用户账户访问域中所有计算机中允许他访问的资源。

（4）域适用于构建网络较大、需要集中管理的网络环境。如果企业内的计算机数量较多，而且对网络资源的安全级别要求较高，可以通过创建域来管理网络。

（5）域和域的地位是平等的，互不交叉、互不包容。

1.2　活动目录的结构

如果某个企业或公司中具有大量的计算机和网络资源需要进行管理，只建立一个域可能无法满足需求，这时可以考虑建立多个域，并把这些域组建成"域树"。还可以根据需要建立多个域树，并把多个域树组建成"域森林"。

1.2.1　域树

假设某个企业为了对自己内部的资源进行管理，在企业总部建立了第一个域：a. com。后来，随着企业业务的扩展，在另外两个地点建立了企业分部，这时为了便于管理，需要在这两个地点分别建立域。由于这些域中的资源均属于同一个企业，所以希望其中的用户能够互相访问其他域中的资源。然而，从前面的介绍可以看出，每个域的用户账户原则上只能访问本域内的资源，而不能访问其他域的资源。为了解决此问题，在该企业各分部建立域时，需要在新建立的域与第一个域（a. com）之间建立起某种联系，以实现一个域的用户账户能够利用这种联系来访问另一个域的资源，这种联系被称为"信任关系"。在这里，第一个域被称为"父域"，而各分部的域被称为父域的"子域"。在给子域命名时，子域的名称中自动包含其父域的域名，以表明它们之间的信任关系。如图 1.2 所示，父域为 a. com，其两个子域分别为 b. a. com 和 c.

a. com。可见,两个子域的名称中都包含父域的名称,因此它们的域名空间是连续的。同理,在域 b. a. com 和域 c. a. com 的下面还可以继续建立子域,如图 1.2 所示。

父域和子域之间的关系为信任关系,在建立子域时自动形成,而且这种信任关系是双向的,即父域中的用户账户具有访问子域资源的能力,子域中的用户账户也具有访问父域资源的能力。此外,这种信任关系是可传递的,即如果域 a. com 与域 b. com 存在着信任关系,域 b. a. com 和域 d. b. a. com 存在着信任关系,那么域 a. com 和域 d. b. a. com 也存在着信任关系。也就是说,域 a. com 的用户账户具有访问域 d. b. a. com 中资源的能力,域 d. b. a. com 的用户账户也具有访问域 a. com 中资源的能力。另外,利用信任关系的可传递性,域 d. b. a. com 和域 f. c. a. com 也为信任关系。图 1.2 所示的公用连续名称空间的若干个域就组合成了一个“域树”。

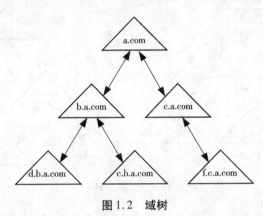

图 1.2　域树

域树具有以下特点。

(1)域树是若干个域的有层次的组合,可以在父域的下面建立子域,还可以在子域的下面再继续建立子域。在一个域树中,第一个域被称为“树根域”。例如在图 1.2 所示的域树中,域 a. com 为该域树的树根域。

(2)在域树中,父域和子域之间的信任关系是自动建立的、双向的、可传递的,因此父域和子域中的用户账户均具有访问对方域中资源的能力。利用这种信任关系的传递性,域树中任何一个域中的用户账户均可以访问域树中所有域中的资源。

(3)域树中的所有域共享了一个连续的域名空间。

(4)在域树中,父域和子域之间的关系不是包含与被包含的关系,而是地位平等的。默认情况下,父域的管理员只能管理父域,而不能管理子域;同样,子域的管理员只能管理子域,也不能管理父域。

(5)域树中的所有域共享了一个活动目录数据库。

(6)最简单的域树中只包含一个域,这个域就是树根域。

1.2.2　域森林

如果一个企业规模非常庞大,这时只建立一个域树往往难以满足管理的需求。可以采用在第一个域树的树根域下,建立第二个域树的树根域。例如图1.3中,在第一个域树的树根域 a.com 下建立了第二个域树的树根域 z.net。这两个树根域 a.com 和 z.net 之间也利用双向的、可传递的信任关系联系在一起。然后在第二个域树的树根域 z.net 下面继续建立子域 u.z.net 和 v.z.net,在子域下还可以再继续建立子域。从图1.3可以看出,第一个域树和第二个域树都具有自己的连续的名字空间。

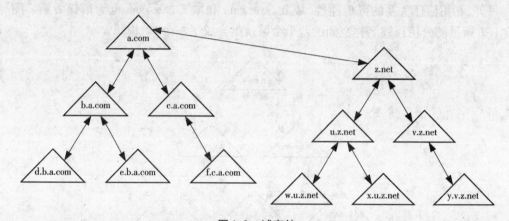

图1.3　域森林

具有上述特点的若干个域树的组合称为"域森林"。在域森林中,树根域与树根域之间利用双向的、可传递的信任关系联系在一起;而在一个域树中,父域与子域之间也利用双向的、可传递的信任关系联系在一起。所以,利用这种信任关系,域森林中任何一个域的用户账户均可以访问此域森林中任何一个域中的资源。在域森林中,第一个域树的树根域被称为"森林根域",并且规定森林的名字与森林根域的名字相同。例如在图1.3所示的域森林中,森林根域为 a.com,所以该森林的名字便为 a.com。

从活动目录的结构看,一个完整的活动目录应该对应着一个域森林,也就是说,一个域森林共享同一个活动目录数据库。一个域森林可以包含若干个域树,一个域树又可以包含若干个域。因此,域是活动目录中最基本的管理单元。从而可以得知:最简单的域森林将只有一个域树,这个域树中只有一个域,即森林根域,而这个域中只有一台计算机,那就是该域的域控制器。

1.3　创建域

前面已经讲过,一个最简单的域只包含一台计算机,而这台计算机一定是该域的域控制器。因此为了创建一个域,需要首先创建该域的域控制器。

由于只有服务器级的计算机才能作为域控制器,所以创建域控制器的方法通常是在工作组中的一台独立服务器或者域中的一台成员服务器上,通过安装活动目录,从而把它升级为域控制器,并在安装活动目录的过程中创建新域。

本节主要对创建森林根域的方法进行介绍,即创建域森林中的第一个域,例如创建图 1.3 中的域 a.com。

1.3.1 对域控制器的要求

可以在创建域控制器的过程中创建一个新域。但需要注意的是,并不是任何一台计算机都可以被配置成为域控制器的。作为域控制器的计算机,必须满足以下几个条件。

(1)在 Windows Server 2003 家族中,只有运行 Windows Server 2003 标准版、企业版或数据中心版的服务器才可以被升级为域控制器,而 Windows Server 2003 Web 版的计算机不能成为域控制器。

(2)一台域控制器至少具有 250 MB 的磁盘空间。其中,200 MB 的磁盘空间用于存放活动目录数据库,50 MB 的磁盘空间用于存放活动目录数据库的事务日志文件。

(3)域控制器的磁盘上至少有一个 NTFS 格式的分区。

(4)安装了 TCP/IP 协议,并且配置使用了 DNS 服务,即该计算机可以是一台 DNS 服务器,也可以是一台 DNS 客户机。

(5)安装者必须使用具有创建域的权力的用户账户,例如本地管理员账户。

1.3.2 创建森林根域

由于最简单的域森林将只有一个域树,这个域树中只有一个域,即森林根域,而这个域中只有一台计算机,那就是该域的域控制器,因此本节将要创建最简单的域森林中的森林根域。在创建完成后,将会同时完成以下工作。

- 创建了一个新的域森林。
- 创建了该域森林中的第一个域树。
- 创建了该域树中的第一个域,即树根域。
- 创建了该树根域中的第一个域控制器。

在此以创建图 1.3 所示的森林根域 a.com 中的第一台域控制器 server1.a.com 为例来说明创建森林域的方法。

首先在工作组中选择一台独立服务器,或者在域中选择一台成员服务器,并且这台服务器运行的操作系统必须为 Windows Server 2003 标准版、企业版或数据中心版。然后在该服务器上按照下面的操作步骤创建森林根域中的第一台域控制器。

步骤 1:单击"开始"→"运行",在弹出的命令行对话框中输入"dcpromo.exe",从而启动"Active Directory 安装向导",如图1.4所示。

步骤2：当出现"欢迎使用Active Directory安装向导"对话框时，单击"下一步"按钮。

步骤3：当出现如图1.5所示的对话框时，单击"下一步"按钮。这时将弹出图1.6所示的对话框。

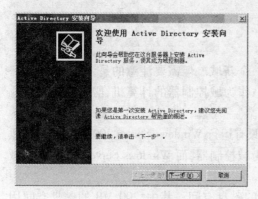 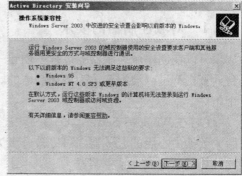

图1.4　安装活动目录向导　　　　　　　图1.5　"操作系统兼容性"画面

步骤4：在图1.6所示的对话框中，选中"新域的域控制器"，然后单击"下一步"按钮。这表示将要创建一个新域，并且本台计算机将成为该域的第一台域控制器，也是该域的第一台计算机。这时将弹出如图1.7所示的对话框。如果在一个已经存在的域中，希望把此台计算机配置成另一台域控制器，则要选中"现有域中的额外域控制器"，创建完成后，此域中至少具有两台域控制器。

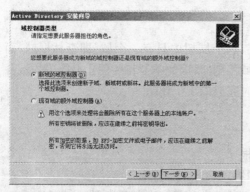  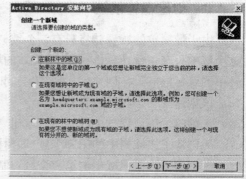

图1.6　选择"域控制器类型"　　　　　　图1.7　选择创建新域的类型

步骤5：在图1.7所示的对话框中，选中"在新林中的域"，然后单击"下一步"按钮。这表示将创建一个新森林域，而该域将是这个森林域的第一个域，即"森林根域"。

如果已经存在一个域树，并且希望在这个域树中创建一个新的子域，需要选中

"在现有域树中的子域"。创建完成后,此计算机将成为新建子域的域控制器。

如果已经存在一个域森林,并且希望在这个域森林中创建一个新的域树,需要选中"在现有的林中的域树"。创建完成后,该域将成为新建域树的树根域,此计算机将成为新建域树的第一台域控制器。

步骤6:如果该计算机已经指定了"首选 DNS 服务器",则直接跳到步骤7。如果该计算机没有指定"首选 DNS 服务器",将出现图1.8所示的对话框。由于在创建 Windows Server 2003 域时需要指定一台 DNS 服务器,并且在此 DNS 服务器中建立相应的 DNS 区域来存储 Windows Server 2003 域中的名称解析信息,在此处可以让安装程序直接在本台计算机上建立 DNS 服务器,并且存储所建域的名称解析信息。因此,选中"否,只在这台计算机上安装并配置 DNS",然后单击"下一步"按钮。这时将弹出图1.9所示的对话框。

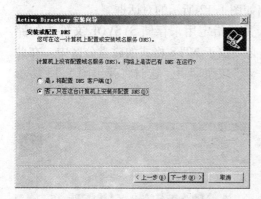
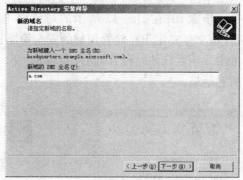

图 1.8　安装或配置 DNS 选择"域控制器类型"　　　图 1.9　设置域名

步骤7:在图1.9所示的对话框中,需要为新创建的域设置一个符合 DNS 命名格式的域名,例如 a.com。设置完毕后,单击"下一步"按钮。这时安装程序将会花费一些时间来检查该域名是否已经存在,如果已经有同名的域存在,则安装程序会要求重新设置一个域名;如果不存在同名的域,将会弹出图1.10所示的对话框。

步骤8:在图1.10所示的对话框中,需要为该域设置一个符合 NetBIOS 格式的域名,从而让 Windows 98 或 Windows NT 等早期的操作系统可以利用该域名访问域中的资源。默认情况下,该域的 NetBIOS 名称即为该域 DNS 名称的最前面一段文字。例如对于 DNS 名称为 a.com 的域名,默认情况下,其 NetBIOS 域名则为 a。如果该 NetBIOS 域名在网络中已经存在,则安装程序会自动指定一个新的名称。此外,安装者也可以自行设定这个 NetBIOS 名称,但是不能超过15个字符。设置完毕后,单击"下一步"按钮。这时将弹出图1.11所示的对话框。

步骤9:在图1.11所示的对话框中,需要在"数据库文件夹"下面的文本框中指定用来存储活动目录数据库的路径;在"日志文件夹"下面的文本框中指定用来存储活动目录日志的路径,可以利用该日志修复活动目录。在此例中采用默认路径,因此

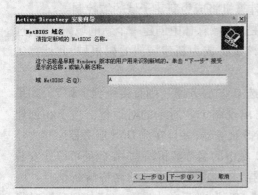 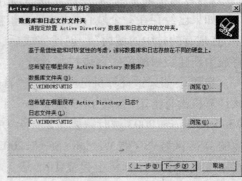

图 1.10 设置域的 NetBIOS 名称   图 1.11   指定数据库和日志文件的存放位置

只需单击"下一步"按钮即可。这时将弹出如图 1.12 所示的对话框。

步骤 10：在图 1.12 所示的对话框中，需要指定用来存储 SYSVOL 文件夹的路径，该文件夹用于存储管理域的安全策略，必须位于 NTFS 格式的磁盘分区中。在此例中采用默认的路径，因此只需单击"下一步"按钮即可。这时将弹出图 1.13 所示的对话框。

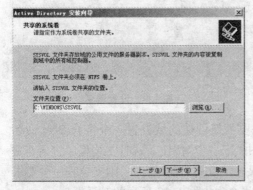 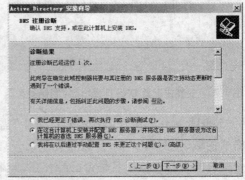

图 1.12   指定 SYSVOL 文件夹的存储位置   图 1.13   DNS 注册诊断

步骤 11：在图 1.13 所示的对话框中，选中"在这台计算机上安装并配置 DNS 服务器，并将这台 DNS 服务器设为这台计算机的首选 DNS 服务器"，然后单击"下一步"按钮。此时，安装程序将在这台计算机上建立 DNS 服务器，并且在此 DNS 服务器中存储所建域的名称解析信息。这样，此 DNS 服务器就可以为本域的计算机进行 DNS 名称解析了。

步骤 12：在弹出的图 1.14 所示的对话框中，采用默认设置"只与 Windows 2000 或 Windows Server 2003 操作系统兼容的权限"，直接单击"下一步"按钮。这时将弹出图 1.15 所示的对话框。

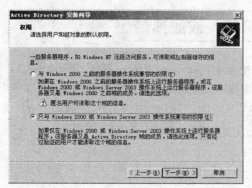
图 1.14 指定"权限"对话框

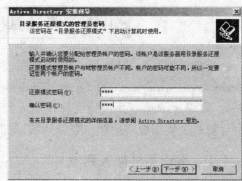
图 1.15 设置"目录访问还原模式的管理员密码"

步骤 13：在图 1.15 所示的对话框中，需要对"目录服务还原模式的管理员密码"进行设置。当以后需要对活动目录数据库进行修复时，系统管理员需要使用该密码执行修复工作。设置完成后，单击"下一步"按钮。这时将弹出图 1.16 所示的对话框。

> **提示**：由于"目录服务还原模式"的系统管理员与域管理员是不同的用户账户，因此其密码也可以设为不同的密码。

步骤 14：在图 1.16 所示对话框中，显示的是新创建域森林的摘要信息，确认无误后，单击"下一步"按钮。从该对话框中可以看到，此服务器将被配置成新域森林中的第一个域控制器，而且新域的域名 a.com 也是新域森林的名称。

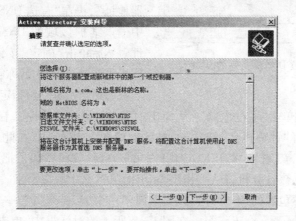
图 1.16 显示摘要信息

步骤 15：安装完成后，重新启动计算机。

通过以上步骤，即创建完成一个新域森林中的森林根域。

1.4　将计算机加入或脱离域

当创建好一个域后，就可以根据需要把运行 Windows Server 2003、Windows XP Professional、Windows 2000 Server、Windows 2000 Professional、Windows NT Server、Windows NT Workstation 系统的计算机加入到这个域中。此后，用户可以在域中任何一台计算机上使用域用户账户登录到域，从而实现对域内资源的访问。

1.4.1　将计算机加入到域

可以按照下面的操作步骤将一台 Windows Server 2003 计算机加入到一个已经存在的域中。

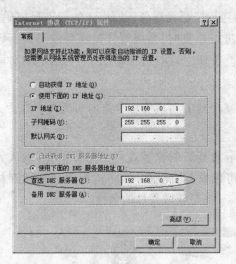

图 1.17　设置 DNS 服务器的 IP 地址

步骤 1：在把该计算机加入到域之前，首先需要把此计算机设置为维护该域的 DNS 服务器的 DNS 客户机。设置时，右键单击"网上邻居"，从弹出的菜单中选择"属性"，打开"网络连接"窗口，再右键单击"本地连接"，从弹出菜单中选择"属性"打开属性对话框，从中选中"Internet 协议（TCP/IP）"，单击"属性"按钮，这时将弹出如图 1.17 所示的对话框。在此对话框中首先选中"使用下面的 DNS 服务器地址"，再在"首选 DNS 服务器"文本框中输入维护该域的 DNS 服务器的 IP 地址。然后单击"确定"按钮。这样，当此计算机需要进行 DNS 名称解析时，将把 DNS 名称解析请求提交给指定的 DNS 服务器。

步骤 2：右键单击"我的电脑"，从弹出的菜单中选择"属性"，在打开的"系统属性"对话框中选择"计算机名"选项卡，对话框如图 1.18 所示，在此对话框中可以看到此计算机目前为工作组 WORKGROUP 中的一台计算机。如果把这台计算机加入到一个域中，那么该计算机将从工作组 WORKGROUP 中脱离出来。因为域和工作组是互不交叉、互不包容的，一台计算机要么属于一个域，要么属于一个工作组，而不能既属于一个域又属于一个工作组。在图 1.18 所示的对话框中，单击"更改"按钮，这时将弹出图 1.19 所示的对话框。

步骤 3：在图 1.19 所示的对话框中，首先选中"域"，然后在下面的文本框中输入希望加入的域名，完成后单击"确定"按钮。这时将弹出图 1.20 所示的对话框。

步骤 4：在图 1.20 所示的对话框中，需要输入一个具有把计算机加入到域的权

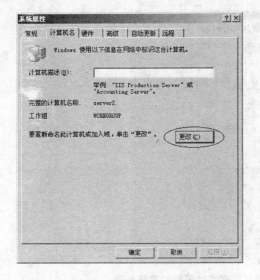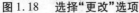 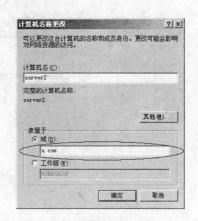

图 1.18　选择"更改"选项　　　　图 1.19　输入希望加入的域名

力的用户账户名称和密码。例如账户名称为 Administrator。输入完成后,单击"确定"按钮。这时将弹出图 1.21 所示的对话框。

　　提示:任何一个域用户账户都有 10 次将计算机加入域的机会,但是域管理员不受次数的限制。

图 1.20　输入用户账户的名称和密码　　　　图 1.21　显示成功信息

　　步骤 5:当出现图 1.21 所示的对话框时,表示此计算机已经成功地加入到域中。单击"确定"按钮。这时系统会要求重新启动该计算机。

　　步骤 6:计算机重新启动后,可以在此计算机上查看计算机目前所属的域。操作时,右键单击"我的电脑",从弹出的菜单中选择"属性",打开"系统属性"对话框并选中"计算机名"选项卡,对话框如图 1.22 所示。在该对话框中可以看到,此时该计算机属于域 a.com,而且计算机的完整计算机名称是由该计算机的名称与所在域的域名组合而成的,即 server2.a.com。

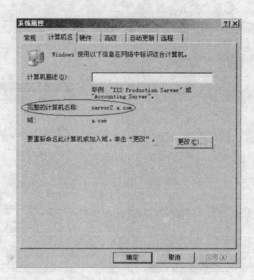

图 1.22　查看计算机所属的域和计算机的完整名称

1.4.2　在域中的计算机上登录

用户在域中的一台计算机上登录时,可以有两种登录方式:使用域用户账户登录到域,或使用计算机的本地用户账户登录到本计算机。使用不同的方式登录后,用户具有不同的访问资源的权限。

1. 使用域用户账户登录到域

由于这台计算机是域内的一台计算机,所以用户可以在此计算机上使用该域的一个域用户账户登录到这个域,登录到域后,用户可以访问该域内所有计算机中允许访问的资源,而不需要再提供其他的用户账户和密码。

使用域用户账户登录到域的步骤如下。

步骤 1:按【Ctrl + Alt + Delete】组合键,出现图 1.23 所示的登录对话框。在该对话框中单击"选项"按钮,此时对话框成为如图 1.24 所示的形式。

步骤 2:在图 1.24 所示的对话框中的"登录到"文本框中选择要登录的域名,并在"用户名"和"密码"中分别输入该域的一个域用户账户及其密码,输入完成后单击"确定"按钮。此时,该域内的域控制器将利用活动目录数据库对这个用户名和密码进行身份验证。一旦验证通过后,用户就成功地登录到域了。

2. 使用计算机的本地用户账户登录到本台计算机

在这台计算机中,用户也可以使用计算机的本地用户账户登录到本台计算机。登录后,用户只能访问这台计算机上允许访问的资源,而不能访问域中其他计算机中的资源;如果需要访问其他计算机中的资源,则必须通过网络使用目标计算机内的用户账户和密码才可以实现。

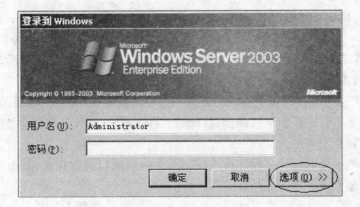

图 1.23　登录对话框

使用计算机的本地用户账户登录到本台计算机的登录过程为:在图 1.24 所示的对话框中的"登录到"中选择要登录的计算机名,并在"用户名"和"密码"中输入本计算机的用户账户的名称和密码,如图 1.25 所示。输入完成后,单击"确定"按钮。

图 1.24　登录到域

图 1.25　登录到计算机

1.4.3　把域内的计算机从域中脱离出来

也可以根据需要把域中的一台计算机从域中脱离出来,但是与此同时,必须选择把计算机加入到一个工作组或域中。因为一台计算机必须属于一个工作组或一个域。

可以按照下面的操作步骤把一台计算机从域中脱离出来:在图 1.19 所示的对话框中选中"工作组",然后在下面的文本框中输入一个工作组名称,完成后,单击"确定"按钮即可。

1.5　将域控制器降级为独立服务器或成员服务器

域控制器是用来存储活动目录数据库的计算机,如果把域控制器的活动目录数据库卸载掉,则该计算机将成为域中的一台成员服务器或工作组中的一台独立服务器。

（1）如果在域中除此域控制器之外,还存在其他域控制器,则卸载活动目录数据库之后,该域控制器会被降级为本域的一台成员服务器。

（2）如果这个域控制器是本域的最后一台域控制器,则卸载活动目录数据库后,由于域中已经不存在任何域控制器,故此域也将被删除,而该计算机会被降级为工作组中的一台独立服务器。

可以按照下面的操作步骤卸载域控制器中的活动目录数据库,从而将一台域控制器降级为独立服务器或成员服务器。

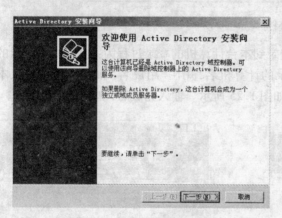

图 1.26　删除活动目录的向导

步骤 1：在 一 台 Windows Server 2003 域控制器上,单击"开始"→"运行",在命令行窗口中输入"dcpromo. exe"命令,这时将启动" Active Directory 安 装 向导"。

步骤 2：当出现图 1.26 所示的"欢迎使用 Active Directory 安装向导"对话框时,单击"下一步"按钮。

步骤 3：如果出现图 1.27 所示的对话框,表明这台域控制器是一台"全局编录服务器"。在将它降级为普通的成员服务器或独立服务器后,它将不再承担"全局编录服务器"的角色。单击"确定"按钮即可。

图 1.27　提示全局编录服务器的信息

提示：虽然在域森林中的所有域都共享一个活动目录,但是活动目录的数据却是分散存储在各个域中,也就是说,每个域都仅存储了完整活动目录中属于自己域中的那部分信息。在这种情况下,用户或应用程序能够在本域的域控制器中查找到本域的数据,但是无法找到同一个域森林中其他域的数据。为了解决这个问题,Windows Server 2003 提供了"全局编录"。

"全局编录"包含了活动目录中所有的对象,但是仅存储了每个对象的部分属性数据,而不是所有的属性数据。这些属性都是经常用于查找的属性,例如用户账户的姓、名或登录名等。"全局编录"由特定的域控制器来维护,这台域控制器被称为"全局编录服务器"。一个域森林中至少有一台全局编录服务器,默认时森林根域的第一台域控制器即是全局编录服务器。这样,用户即使不知道所需查找的对象位于哪个域中,也可以通过到全局编录服务器中查询全局编录而迅速找到所需访问的对象。

步骤4:当出现图1.28所示的对话框时,如果这台计算机是域中的最后一个域控制器,在此对话框中选中"这个服务器是域中的最后一个域控制器"复选框,然后单击"下一步"按钮。这表示卸载此域控制器中的活动目录后,同时将删除该域,这台计算机将变成工作组 WORKGROUP 中的一台独立服务器。否则,该计算机将变成本域中的一台成员服务器。

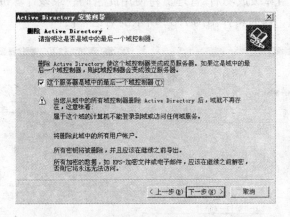

图1.28　指明是否为域中最后一个域控制器

步骤5:如果没有出现图1.29所示的对话框,则直接跳到步骤7;如果出现该对话框,则表示在该域控制器中包含 Microsoft DNS 的"应用程序目录分区"的一个副本,直接单击"下一步"按钮将其删除即可。这时将弹出图1.30所示的对话框。

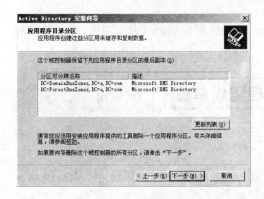

图1.29　删除应用程序目录分区

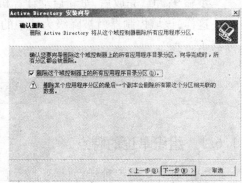

图1.30　确认删除

> 提示:在安装应用程序时,有些应用程序会在活动目录中建立一个区域,用来存储与它们相关的数据,这样的区域被称为"应用程序目录分区"。例如在 Windows Server 2003 域中的域控制器上所建立的 DNS 服务器会在活动目录中创建自己的应用程序分区,以便存储 DNS 服务器的设置数据。

步骤 6:在图 1.30 所示的对话框中,选择"删除这个域控制器上的所有应用程序目录分区"复选框,然后单击"下一步"按钮。它将会删除该域控制器中的所有应用程序目录分区。这时将弹出图 1.31 所示的对话框。

步骤 7:在图 1.31 所示的对话框中,需要为这台即将降级的计算机设置本地管理员的新密码。当降级成功后,管理员将使用此密码登录该计算机。设置完成后,单击"下一步"按钮。这时将弹出图 1.32 所示的对话框。

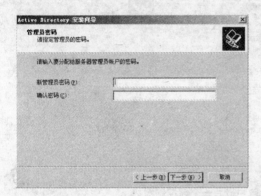
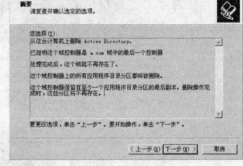

图 1.31　设置新的管理员密码　　　　图 1.32　显示摘要信息

步骤 8:在图 1.32 所示的对话框中单击"下一步"按钮。系统将在此计算机中删除活动目录数据库,这需要花费一些时间。

步骤 9:卸载完成后,重新启动计算机。

这样,该域控制器就被降级为域中的一台成员服务器或工作组中的一台独立服务器了。

1.6　管理组织单位

1.6.1　组织单位的特点

"组织单位"是一种活动目录对象,它是管理员对域中对象进行组织和管理的重要手段。一个组织单位具有以下特点。

(1)组织单位是一种容器类的活动目录对象。在创建一个组织单位后,管理员可以根据需要把用户账户、组账户、计算机账户或其他组织单位放入该组织单位中,从而成为它的成员。

(2)只能在域中创建组织单位,并且组织单位只能包含自己所在域中的对象,不能包含其他域中的对象。例如如果在域 a. com 中创建了一个组织单位,则这个组织单位只能包含域 a. com 中的用户账户、组账户等对象,而不能包含其他域的对象。

(3)可以根据需要,在一个组织单位中继续创建其他组织单位。

(4)一个域中组织单位的层次结构与另一个域中组织单位的层次结构无关。

1.6.2 组织单位的用途

对于企业或公司而言,往往采用域网络结构形式对公司的员工和计算机进行管理;并且通过管理用户账户来管理员工,通过管理计算机账户来管理计算机。

由于在一个企业或公司中,不同部门的员工行使不同的职责,不同部门的计算机具有不同的用途。例如,公司中销售部门的工作人员负责销售公司产品,在销售部门的计算机中需存储大量的产品信息和客户信息;开发部门的工作人员负责新产品的开发,开发部门的计算机中需存储大量的产品技术资料及设计资料,等等。因此管理员需要根据具体的情况,对它们分别进行管理。

域管理员可以针对企业或公司的行政部门来分别建立组织单位,然后把各行政部门的用户账户和计算机账户添加到相应的组织单位中,从而实现对域中对象进行分别管理的目的。例如,域管理员针对公司的销售部门,可以在域中创建一个名为"销售部"的组织单位,然后把销售员的用户账户以及他们使用的计算机账户加入到该组织单位中进行单独管理;针对开发部门,可以在域中创建一个名为"开发部"的组织单位,然后把开发人员的用户账户以及他们使用的计算机账户加入到该组织单位中进行单独管理,等等。

从以上分析可以看出,在域中创建组织单位的目的主要是为了对域中的对象进行单独的管理。如果域管理员需要对域中的某些对象进行单独的管理,那么就应该创建一个组织单位,然后把希望单独管理的对象加入到这个组织单位中。

1.6.3 创建组织单位

可以按照下面的操作步骤,在域中创建一个组织单位。

步骤 1:单击"开始"→"程序"→"管理工具"→"Active Directory 用户和计算机",这时将弹出图 1.33 所示的窗口。

步骤 2:在图 1.33 所示的窗口中,右键单击希望添加组织单位的域节点和文件夹,从弹出的菜单中选择"新建"→"组织单位",如图 1.34 所示。这时将弹出图 1.35 所示的对话框。

步骤 3:在图 1.35 所示的对话框中,在"名称"下面的文本框中输入所建组织单位的名称(例如"销售部"),输入完成后,单击"确定"按钮。

步骤 4:这时,可以在"Active Directory 用户和计算机"窗口中看到新创建的组织

图 1.33　打开 Active Directory 用户和计算机　　　图 1.34　新建组织单位

单位(例如销售部)，如图 1.36 所示。

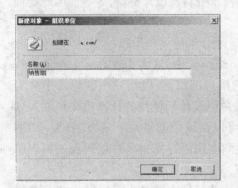

图 1.35　设置组织单位的名称

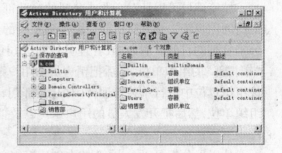

图 1.36　建立完成后的组织单位

1.6.4　向组织单位中添加对象

当创建好一个组织单位后，接下来的工作就是向组织单位中添加对象。可以按照下面的操作步骤向一个组织单位中添加对象。

在图 1.37 所示的"Active Directory 用户和计算机"窗口中，右键单击希望向其中添加对象的组织单位(例如:销售部)，从弹出的菜单中选择"新建"，然后根据需要选择希望添加的对象即可，可以选择的添加对象有:"用户"、"组"、"计算机"或"组织单位"。

1.6.5　删除组织单位

如果由于某些原因，不再需要某些组织单位，可以按照下面的操作步骤把该组织单位删除掉。

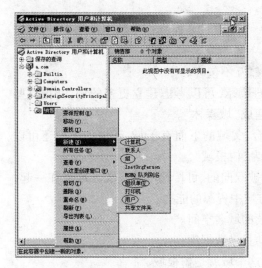

图 1.37　添加对象

图 1.38　删除组织单位

步骤 1：在图 1.38 所示的"Active Directory 用户和计算机"窗口中，右键单击希望删除的组织单位(例如销售部)，从弹出的菜单中选择"删除"。这时，将弹出图 1.39 所示的对话框。

图 1.39　确认删除

步骤 2：在图 1.39 所示的对话框中，选择"是"按钮，即可把这个组织单位删除掉。

> 提示：当把一个组织单位删除后，该组织单位中的对象也会被删除。

本章小结

(1)域是一组由网络连接在一起的计算机组成的，它们将计算机内的资源共享给用户访问。

(2)域内所有的计算机共享一个集中式的安全数据库，它包含着整个域中所有的资源信息、用户账户信息与安全信息。负责管理与维护这个安全数据库的功能组件被称为"活动目录"。

(3)在一个 Windows 网络中可以有多个域，每个域分别代表一个独立的安全范围，它们必须具有不同的名称。

(4)一个域中的计算机角色有域控制器、成员服务器和工作站。

(5)一个最简单的域只包含一台计算机，这台计算机一定是该域的域控制器。

(6)与工作组相比，域具有更高的安全级别。

(7)在域的活动目录数据库中，管理员可以为用户创建用户账户，这种用户账户只存在于域中,所以被称为"域用户账户"。

(8)一个域中无论有多少台计算机,一个用户只要拥有一个域用户账户,便可以访问域中所有计算机上允许访问的资源。

(9)域和域的地位是平等的,互不交叉、互不包容。

(10)如果单个域无法满足企业的管理需求,可以考虑建立更多的域,并把这些域组建成"域树"。还可以把多个域树组建成"域森林"。

(11)域树是若干个域的有层次的组合,父域的下面有子域,子域的下面还可以继续建立子域。在域树中,第一个域被称为"树根域"。

(12)在域树中,父域和子域之间自动被双向的、可传递的信任关系联系在一起,使得两个域中的用户账户均具有访问对方域中资源的能力。

(13)域树中的所有域共享了一个连续的域名空间。

(14)域树中的所有域共享了一个活动目录数据库。

(15)最简单的域树中只包含一个域,这个域就是树根域。

(16)一个域森林由多个域树组成,树根域与树根域之间利用双向的、可传递的信任关系联系在一起。

(17)一个完整的活动目录对应着一个域森林,一个域森林由若干个域树组成,而一个域树又可由若干个域组成。森林中的第一个域被称为"森林根域",森林根域的名字即为整个森林的名字。

(18)组织单位是域中一种容器类的活动目录对象,它能够包含所在域中的对象。管理员使用组织单位可以对域中特定对象进行单独管理。

(19)组织单位只能在域中创建,并且只能包含所在域中的对象,而不能包含其他域的对象。

(20)在一个组织单位中还可以继续创建组织单位。

(21)一个域中组织单位的层次结构与另一个域中组织单位的层次结构无关。

思考与训练

1. 填空题

(1)域内所有的计算机共享一个集中式的安全数据库,它包含着整个域中所有的资源信息、用户账户信息与安全信息。负责管理与维护这个安全数据库的功能组件被称为(　　　　)。

(2)一个域中的计算机角色有(　　　　)、(　　　　)和(　　　　)。

(3)一个最简单的域只包含一台计算机,这台计算机一定是该域的(　　　　)。

(4)与工作组相比,域具有更(　　　)的安全级别。

(5)在域的活动目录数据库中,管理员可以为用户创建用户账户,这种用户账户只存在于域中,所以被称为(　　　　)。

（6）如果单个域无法满足企业的管理需求,可以考虑建立更多的域,并把这些域组建成(　　　)。更进一步,还可以把多个域树组建成(　　　)。

（7）在域树中,第一个域被称为(　　　)。

（8）在域树中,父域和子域之间自动被双向的、可传递的(　　　)联系在一起,使得两个域中的用户账户均具有访问对方域中资源的能力。

（9）域树中的所有域共享了一个(　　　)数据库。

（10）最简单的域树中只包含(　　)个域。

（11）森林中的第一个域被称为(　　　),森林根域的名字即为(　　)的名字。

（12）在域中,可以通过使用(　　)对域中的特定对象进行单独的管理。

2. 思考题

（1）与工作组相比,域有哪些优点?

（2）什么是域树?

（3）在域树中,父域和子域之间存在着什么关系?

（4）什么是域森林?

（5）把一台计算机加入到域后,它的完整计算机名会有什么变化?

（6）与工作组相比,为什么域有更高的安全级别?

（7）在加入域的计算机上有几种登录的选择?

（8）在什么情况下可以把域控制器降级为独立服务器?

（9）为什么需要在域中创建组织单位?

（10）组织单位有什么特点?

管理域用户账户与组账户

2

在域中，用户需要通过域用户账户登录到域并访问域中的资源，因此管理员需要为用户创建域用户账户，并对其进行管理。管理员可以通过创建和管理域组账户来实现对域用户账户的管理。

📖 本章主要内容

- ☑ 理解域用户账户
- ☑ 管理域用户账户
- ☑ 理解域组账户
- ☑ 管理域组账户
- ☑ 域组账户的使用原则

🔑 本章学习要求

- ☑ 理解域用户账户的概念和特点
- ☑ 掌握创建和管理域用户账户的方法
- ☑ 理解域组账户的概念和特点
- ☑ 掌握创建和管理域组账户的方法
- ☑ 理解域组账户的使用原则

2.1　理解域用户账户

2.1.1　域用户账户的概念

在工作组中,管理员只能在计算机上创建本地用户账户,用户使用本地用户账户登录计算机后,只能访问所在计算机上的资源,而不能访问其他计算机中的资源。如果用户需要访问其他计算机上的资源时,管理员需要在其他计算机上为该用户创建用户账户。当工作组中的计算机数量较多时,将会大大增加管理员的工作量。

而在域中,管理员可以在活动目录数据库中为每个用户创建一个用户账户,由于这种用户账户只存在于域中,所以被称为"域用户账户"。当用户使用域用户账户登录到域中后,便可以访问域中所有计算机上允许访问的资源。因此,域用户账户的资源访问范围可以是整个域,而并非局限在一台计算机上。使用域用户账户可以大大简化管理员对用户访问资源的管理。

2.1.2　内置的域用户账户

当在一台计算机上创建域时,系统会自动在活动目录数据库中创建一些域用户账户。管理员不能对这些域用户账户的名称进行更改,而且系统已经预先为这些域用户账户分配了一定的权限和权力,这样的域用户账户被称为"内置的域用户账户"。在 Windows Server 2003 中,比较常见的两个内置的域用户账户如下。

(1)Administrator(管理员账户)。该账户具有管理整个域的所有权力,使用这个用户账户可以执行管理域的所有工作。例如,创建、更改或删除域用户账户,设置域用户账户的权力和权限,更改域中计算机的名称等。如果从安全的角度考虑,不想使用这个默认的名称,可以将其改名,但是无法删除或禁用 Administrator 账户。

(2)Guest(来宾账户)。该账户是供在本域中没有域用户账户的人临时访问域中资源而使用的用户账户,这个账户只有很少的权力。Guest 账户的名称可以更改,但是不能删除。为了安全起见,默认情况下 Guest 账户是被禁止使用的。

2.2　管理域用户账户

域管理员的职责之一就是对域用户账户进行管理,从而实现对用户的管理。系统管理员可以创建新的域用户账户,也可以更改、禁用或删除已有的域用户账户。

2.2.1　创建域用户账户

当用户希望访问域中的某些计算机上的资源时,必须使用域活动目录数据库中的一个域用户账户在计算机上登录到域。因此管理员首先需要在域的活动目录数据库中为该用户创建一个域用户账户,然后,这个用户才可以使用该域用户账户登录到域,从而访问域中计算机上允许他访问的资源。

当在 Windows Server 2003 计算机上创建域后,由于在当前内置的用户账户中,只有 Administrator 才具有创建、更改、删除域用户账户的权力,因此应该先以 Administrator 账户身份登录到域后,才可以执行创建域用户账户的操作。

在域控制器上,使用 Administrator 账户登录后,则可以按照以下操作步骤在活动目录数据库中创建一个域用户账户。

步骤1:单击"开始"→"程序"→"管理工具"→"Active Directory 用户和计算机",从打开的窗口(如图 2.1 所示)中单击一个域名(例如 a.com)。

步骤2:在图 2.1 所示的窗口中,右键单击"Users",从弹出菜单中选择"新建"→"用户"。这时将弹出图 2.2 所示的对话框。

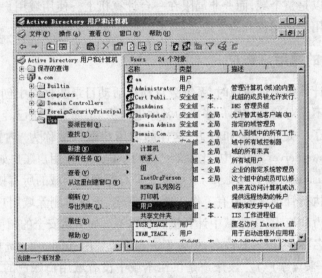

图 2.1　新建用户

步骤3:在图 2.2 所示的对话框中,可以进行以下设置。设置完成后单击"下一步"按钮。

- "姓"与"名":至少需要在"姓"和"名"两个文本框中的一个中输入用户的信息,例如姓"王",名"约翰"。
- "姓名":为用户的完整名称,默认情况下是姓与名的组合。
- "用户登录名":用户登录域时需要使用的域用户账户名称(例如 john@ a.com)。用户只能在域中安装有 Windows Server 2003、Windows XP Professional、Windows 2000 等的计算机上使用这个用户账户登录到域。这个域用户账户在整个森林中必须是唯一的。

• "用户登录名(Windows 2000 以前版本)":用户登录域时需要使用的域用户账户名称(例如 john)。用户在域中装有 Windows NT 的计算机上只能使用这个用户账户名称登录到域。此外,用户在域中装有 Windows Server 2003、Windows XP Professional、Windows 2000 等的计算机上也可以使用这个用户账户名称登录到域。这个域用户账户在域中必须是唯一的。

步骤 4:在弹出的如图 2.3 所示的对话框中为该用户账户设置密码。并且可以根据具体情况,为用户账户设置以下信息。

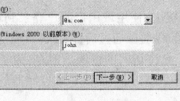

图 2.2　新建用户对话框　　　　图 2.3　设置用户账户密码

提示:默认情况下,在 Windows Server 2003 域中所创建的用户账户的密码必须至少为 7 个字符,并且不可包含用户账户名称的全部或部分文字,还要至少包含 A-Z、a-z、0 - 9、非字母非数字的字符(例如#、@ 、%)等 4 组字符中的 3 组。

• "用户下次登录时须更改密码":强制用户下次登录时更改密码,如果希望该用户成为唯一知道该密码的人时,选中此选项。选中该选项后,当用户第一次使用该账户登录时,首先需要使用前面建立的密码,经验证通过后,系统会弹出一个对话框要求用户自行更改该账户的密码。这样,便只有该用户知道自己的密码了。

• "用户不能更改密码":阻止用户更改密码。选中此项后,用户不能对这个账户的密码进行修改。

• "密码永不过期":防止用户密码过期。基于安全性的考虑,最好不要选用该选项。

• "账户已禁用":选中此选项后,用户将无法使用这个账户进行登录。

步骤 5:设置好密码后单击"下一步"按钮即可创建完成域用户账户,可以在"Active Directory 用户和计算机"窗口中查看这个新的域用户账户,如图 2.4 所示。

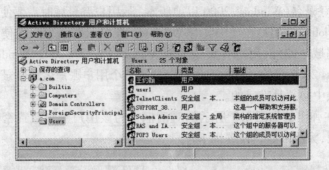

图 2.4　创建完成后的画面

2.2.2　使用域用户账户登录到域

1. 使用普通的域用户账户在域控制器上登录到域

原则上,用户可以在域中的任何一台计算机上,使用域用户账户登录到域,并由该域的域控制器对用户使用的账户进行身份验证,验证通过后,用户即可成功登录到该域,从而可以访问该域中任何一台计算机上允许访问的资源。但是,为了安全起见,在默认情况下,用户使用普通的用户账户登录域时,只能在非域控制器的计算机上登录,而不可以在域控制器上登录。

如果某个用户确实需要以普通用户账户的身份在域控制器上登录到域,域管理员需要在域控制器上作如下设置。

步骤 1：管理员以域管理员用户账户的身份在域控制器上登录后,单击"开始"→"管理工具"→"域控制器安全策略",弹出图 2.5 所示的窗口。在此窗口中选择"安全设置"→"本地策略"→"用户权限分配",然后在右侧的明细中双击"允许在本地登录",弹出图 2.6 所示的对话框。

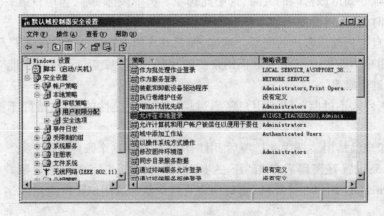

图 2.5　设置"允许在本地登录"的策略

步骤2:在图2.6所示的对话框中,单击"添加用户或组",然后将选定的用户账户或组加入到列表中即可。设置完成后,必须重新启动计算机才可以使该设置生效。

2.使用账户的"用户登录名(Windows 2000以前版本)"登录到域

当用户希望使用账户的"用户登录名(Windows 2000以前版本)"登录到域时,可以在域中的一台计算机的登录对话框中,输入用户账户的用户名(例如john)、密码,并且在"登录到"下拉框中选择域的NetBIOS名称(如A),然后单击"确定"按钮即可。如图2.7所示。

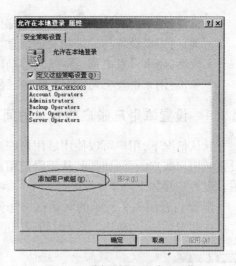

图2.6 选择"添加用户或组"

3.使用账户的"用户登录名"登录到域

用户也可以使用账户的"用户登录名"登录到域,这时用户需要在域中一台计算机的登录对话框中输入用户账户的用户名(如john@a.com)、密码,然后单击"确定"按钮。如图2.8所示。由于账户的"用户登录名"在整个森林中是唯一的,因此在登录时不需要指定域名。此时,"登录到"下拉框为灰色,无法选择。

图2.7 登录到域(1)

图2.8 登录到域(2)

2.2.3 设置域用户账户的个人信息

在新创建了域用户账户之后,这个用户账户的很多属性都是使用系统默认值或是空白,域管理员可以为这个用户账户设置各种属性。具体操作过程如下。

在图2.4所示的窗口中双击一个用户账户,弹出该用户账户的属性对话框,如图2.9所示。可以在此对话框中设置用户的个人信息,如姓名、地址、电话、传真、公司、部门等。其中部分选项卡说明如下。

- 常规:用来设置姓名、电话、电子邮件、网页等信息。
- 地址:用来设置与地址相关的信息。
- 电话:用来设置电话、寻呼机、移动电话、传真、IP 电话等信息。
- 单位:用来设置公司、部门、职务、经理、下属等相关信息。

2.2.4 设置域用户账户的登录时间

默认情况下,用户可以使用域用户账户在任何时间登录到域。管理员可以通过设置域用户账户的登录时间,从而限定用户只能在规定的时间内使用该账户登录到域。设置步骤如下。

步骤 1:在图 2.9 所示的对话框中选择"账户"选项卡,出现图 2.10 所示的对话框。在此对话框中,单击"登录时间"按钮,弹出图 2.11 所示的对话框。

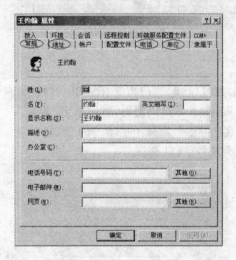

图 2.9 设置个人信息

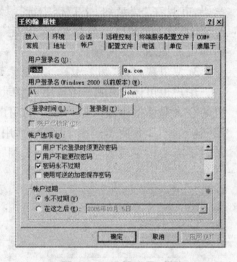

图 2.10 设置登录时间

步骤 2:在图 2.11 所示的对话框中,横轴的每一个方块代表一小时,纵轴的每一个方块代表一天;被填充的方块代表允许登录的时间段,空白的方块代表不允许登录的时间段。管理员可以根据用户的需求,选中允许登录的时间段,然后选中"允许登

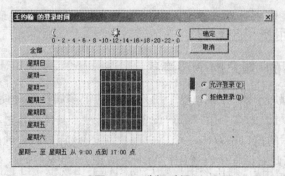

图 2.11 选择时间

录",这时可以在图中看到选中的登录时间段变成了蓝色。设置完成后,单击"确定"按钮即可。

2.2.5 限制域用户账户只能从特定的计算机上登录域

默认情况下,域用户账户可以在域中的任何一台计算机上使用域用户账户登录到域,根据需要,管理员也可以限制某些用户账户只能从域中特定的计算机上登录域。设置步骤如下。

步骤1:在用户账户属性对话框中选中"账户"选项卡,单击"登录到"按钮,如图2.12所示。这时将弹出图2.13所示的对话框。

步骤2:在图2.13所示的对话框中,选中"下列计算机",然后在下面的文本框中输入允许用户用来登录域的计算机的 NetBIOS 名称,例如"server1",输入完成后,单击"添加"按钮。可以按照此方法输入多个计算机的 NetBIOS 名称,设置完成后单击"确定"按钮即可。这样,用户就只能在指定的计算机上使用此用户账户登录到域了。

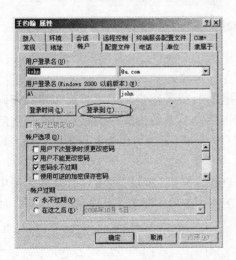

图2.12 选择"登录到"

图2.13 添加可以登录的计算机

2.2.6 禁用、启用域用户账户

由于某种原因,某个用户账户将在较长一段时间内不需要使用,但是在以后还会使用。这时为了安全起见,管理员会把该用户账户禁用。当用户账户被禁用后,用户将不能使用该用户账户进行登录。可以按照下面的操作步骤禁用一个用户账户。

在域控制器中打开"Active Directory 用户和计算机"窗口,在右侧的明细中右键单击需要禁用的用户账户,然后在快捷菜单中选择"禁用账户"即可。如图2.14所示。当用户账户被禁用后,则在该用户账户的图标上出现一个红色的"×"符号,如

图 2.14 中的 Guest 账户即为被禁用的账户。

当需要重新启用一个被禁用的用户账户时,则右键单击该账户,然后在快捷菜单中选择"启用账户"即可。

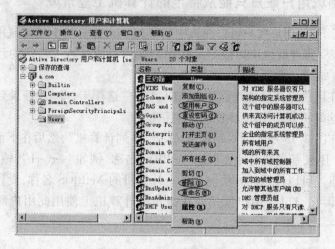

图 2.14 管理用户账户

2.2.7 重设域用户账户的密码

如果某个用户账户的密码已经到了使用期限,或者用户忘记了自己账户的密码而无法登录到域时,管理员可以在域控制器的活动目录数据库中为该用户账户重新设置一个密码,即使管理员不知道该用户账户的旧密码,也可以为其设置新密码。具体操作过程如下。

在域控制器中打开"Active Directory 用户和计算机"窗口,在窗口右侧的明细中右键单击需要设置密码的用户账户,然后,在快捷菜单中选择"重设密码"即可。如图 2.14 所示。

2.2.8 重新命名域用户账户

根据需要,管理员可以对域用户账户重新命名,并且重新设置密码与个人信息。具体操作过程如下。

在域控制器中打开"Active Directory 用户和计算机"窗口,在窗口右侧的明细中右键单击需要设置密码的用户账户,在快捷菜单中选择"重命名",如图 2.14 所示。然后设置一个新的用户名称即可。

2.2.9 删除域用户账户

如果由于某些原因,不再需要使用某个域用户账户了,这时为了安全起见,管理员需要删除这个域用户账户。具体操作过程如下。

　　在域控制器中打开"Active Directory 用户和计算机"窗口,在窗口右侧的明细中右键单击需要删除的域用户账户,在快捷菜单中选择"删除"即可,如图 2.14 所示。

2.3　理解域组账户

2.3.1　域组账户的概念

　　在工作组中,管理员可以在每台计算机的 SAM 数据库中创建组账户。然后通过为组账户分配权力和权限,从而实现对用户的控制。但是通过组账户只能够对本地计算机上的本地用户账户进行管理,其中的用户账户只拥有本计算机的资源访问权限和权力。

　　对于域而言,管理员也可以在域的活动目录数据库中创建组账户。由于这种组账户只存在于域中,因此被称为"域组账户"。与本地组账户不同,通过域组账户能够对域用户账户进行管理,而且能够为其中的用户账户分配访问域中任何计算机的资源访问权限和权力。

2.3.2　域组账户的类型

　　在 Windows Server 2003 域中,有两种类型的域组账户:安全组和通讯组。其中安全组是 Windows Server 2003 最常使用的一种组,所以在此只对安全组进行介绍。

　　安全组可以被用来设置权限和权力,因此,如果建立域组账户的目的是为了使其获得一定的权限或权力从而使其成员也获得相同的权限或权力时,那么应该创建安全组。

2.3.3　域组账户的使用范围

　　根据使用范围的不同,可以将安全组分为 3 种类型:全局组、本地域组和通用组。在这里只介绍全局组和本地域组。

　　1. 全局组

　　全局组主要是用来组织用户,当需要为某些域用户账户赋予相同的权力或权限时,可以把这些域用户账户添加到一个全局组中。全局组具有以下特点。

　　(1)在全局组中,其成员只能包含该组所在域的用户账户和全局组。即只能把本域中的用户账户和其他全局组添加到该全局组中。

　　(2)全局组可以具有访问任何一个域中资源的权限。即可以在任何一个域内为本域内的全局组或其他域的全局组指定访问资源的权限,从而让该全局组中的成员具有访问这些资源的权限。

　　(3)可以把一个全局组添加到另一个全局组中,也可以把一个全局组添加到一个本地域组中。这种将一个组加入到另一个组中的操作,称为"组的嵌套"。

2. 本地域组

本地域组主要被用来指派其所在域内的访问权限。如果给本地域组分配了权限或权力,那么该组中的所有成员都将具有该组所拥有的权限或权力。本地域组具有以下特点。

(1)在本地域组中,其成员可以包含任何一个域内的用户账户和全局组,还可以包含同一个域内的本地域组,但是无法包含其他域中的本地域组。

(2)只能为本地域组分配本域内资源的访问权限,而不能为其他域中的本地域组分配本域内资源的访问权限。

2.3.4 内置的域组账户

当在 Windows Server 2003 计算机上创建域时,将在域中自动创建一些本地域组和全局组,而且已经预先为这些本地域组和全局组分配了一定的权限和权力,这样的本地域组和全局组被称为"内置的本地域组"和"内置的全局组"。只要将用户账户加入到这些组中,便会拥有与这些组相同的权限和权力。因此,建议管理员在为用户账户分配权限或权力时,充分使用这些内置组。

1. 内置的全局组

比较常见的内置全局组有以下两个。

(1)Domain Admins:该组是 Administrators 本地域组的成员。该组的成员具有域管理员的权限和权力,默认时包括 Administrator 账户。

(2)Domain Users:该组的成员只具有一些基本的权限和权力,新创建的域用户账户都自动属于该组。

2. 内置的本地域组

比较常见的内置本地域组有以下两个。

(1)Administrators:该组的用户账户都具有域管理员的权限和权力,它们拥有对整个域的最大控制权,可以执行所有的域管理任务。其默认成员有 Administrator 账户,而且无法将 Administrator 账户从 Administrators 内置本地域组中删除。如果管理员希望一个用户协助自己管理整个域,而且具有和自己相同的权力和权限,那么只要将这个用户所使用的用户账户加入到 Administrators 内置组中即可。

(2)Users(用户组):属于该组的用户账户只具有一些基本的权限和权力,可以执行一些常见的任务,例如运行应用程序等。该组的用户不能修改操作系统的设置、不能更改其他用户账户的数据、不能更改计算机的名称、不能关闭服务器级的计算机。该组默认的成员为 Domain Users 全局组。

2.4　管理域组账户

2.4.1　创建全局组

由于域管理员具有管理域用户账户和域组账户的权力,因此可以以管理员的身份在域中的一台域控制器上登录,并按照下面的操作过程在活动目录数据库中创建一个全局组。

步骤1:单击"开始"→"程序"→"管理工具"→"Active Directory 用户和计算机",打开"Active Directory 用户和计算机"窗口,如图2.15所示。在此窗口中右键单击"Users",从快捷菜单中选中"新建"→"组"。这时将弹出图2.16所示的对话框。

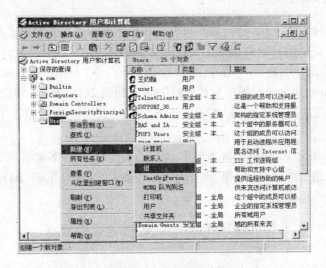

图2.15　新建组账户

步骤2:在图2.16所示的对话框中,选中"安全组"和"全局",并在"组名"文本框中输入新建组的名称,例如"g_group1",输入完成后,单击"确定"按钮。这样便创建了一个全局组。

创建完成后,可以在"Active Directory 用户和计算机"窗口中查看该全局组,如图2.17所示。

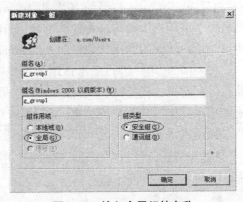

图2.16　输入全局组的名称

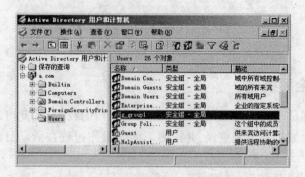

图 2.17　全局组创建完成后的画面

2.4.2　创建本地域组

　　与创建全局组的方法类似,管理员可以在域中的一台域控制器上登录,并按照下面的操作步骤在活动目录数据库中创建一个本地域组。

　　步骤 1:单击"开始"→"程序"→"管理工具"→"Active Directory 用户和计算机",打开"Active Directory 用户和计算机"窗口,如图 2.15 所示。在此窗口中右键单击"Users",并在快捷菜单中选中"新建"→"组"。这时将弹出图 2.18 所示的对话框。

　　步骤 2:在图 2.18 所示的对话框中,选中"安全组"和"本地域",并在"组名"文本框中输入新建组的名称,例如"dl＿group1",输入完成后,单击"确定"按钮。这样便创建了一个本地域组。

图 2.18　输入本地域组的名称

　　创建完成后,可以在"Active Directory 用户和计算机"窗口中查看该本地域组,如图 2.19 所示。

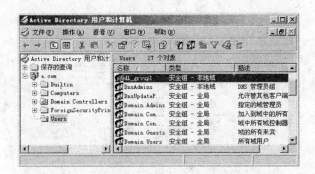

图 2.19　本地域组创建完成后的画面

2.4.3　向组中添加成员

创建域组的目的是为了简化为用户账号分配权限和权力的工作,因此在创建了一个域组之后,需要把希望获得相同权限或权力的用户账户加入到该组中。这样,就可以通过对这个组分配权限或权力,使该组的所有成员都拥有这些权限或权力。

下面以本地域组为例,介绍如何向组中添加成员。具体操作步骤如下。

步骤 1:在图 2.19 所示窗口中右键单击一个本地域组账户(例如 dl_group1),在快捷菜单中选择"属性",打开属性对话框然后单击"成员"选项卡。如图 2.20 所示。

步骤 2:在图 2.20 所示的对话框中单击"添加"按钮,弹出图 2.21 所示的对话框。

图 2.20　单击"添加"

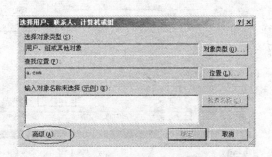

图 2.21　单击"高级"

步骤 3:在图 2.21 所示的对话框中,单击"高级"按钮,弹出图 2.22 所示的对话框。

步骤 4:在图 2.22 所示的对话框中,单击"立即查找"按钮,出现图 2.23 所示的对话框。

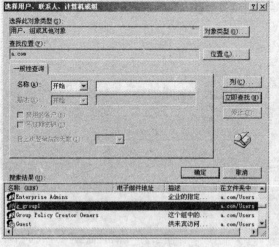

图 2.22　单击"立即查找"

步骤 5：在图 2.23 所示对话框中的"搜索结果"栏中，按住【Ctrl】键的同时用鼠标选中需要添加到组的用户账户或组账户（例如 user1 和 g _ group1），然后连续两次单击"确定"按钮。属性对话框将变为如图 2.24 所示。

步骤 6：在图 2.24 所示的对话框中，单击"确定"按钮。

通过以上步骤，即可把用户账户 user1 和组账户 g _ group1 添加到本地域组 dl _ group1 中。可以按照相同的方法向全局组中添加用户账户和组账户。

图 2.23　选择成员

图 2.24　完成后的画面

2.4.4　从组中删除成员

有时由于某些原因,不再希望一个用户账户或组账户具有它所在的组所拥有的权限或权力,那么应该把它从所在的组中删除。下面以本地域组为例,介绍如何删除成员。

具体操作步骤为:在图 2.19 所示的"Active Directory 用户和计算机"窗口右侧详细列表中右键单击一个组账户(如 dl_group1),从快捷菜单中选择"属性",在打开的对话框中单击"成员"选项卡。对话框如图 2.25 所示,可以看到目前该组所包含的成员。用鼠标选中希望被删除的成员(如 user1),依次单击"删除"、"确定"按钮。这样,便把用户账户 user1 从组 dl_group1 中删除了。

可以按照相同的方法从全局组中把一个或多个成员删除掉。

图 2.25　从组中删除成员

2.4.5　删除组账户

当域中存在一些不再使用的组账户时,管理员可以将该组账户删除掉。具体操作步骤为:在图 2.26 所示的窗口中,右键单击一个希望删除的组(例如 dl_gourp1),从快捷菜单中选择"删除",再在弹出的对话框中单击"是"按钮即可。

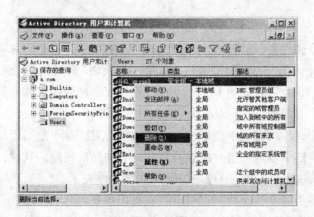

图 2.26　删除组账户

2.5　域组账户的使用原则

在域中,根据不同域组账户的特点,合理使用域组账户,可以大大简化管理员对域用户访问域中资源的管理,从而减轻网络维护的负担。

由于全局组主要是用来组织用户,而本地域组主要是被用来指派其所在域内的访问权限,所以建议按照以下原则使用组,即 A→G→DL→P。其中,A 代表用户账户(user Account)、G 代表全局组(Global group)、DL 代表本地域组(Domain Local group)、P 代表权限(Permission)。

所谓"A→G→DL→P 原则",就是先将用户账户(A)加入到全局组(G)中,再将全局组加入到本地域组(DL)中,最后给本地域组分配对域中某个资源(例如文件或文件夹)的权限(P),如图 2.27 所示。这样,该本地域组中的用户账户便可以获得对资源的访问权限了。

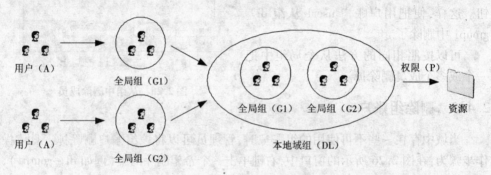

图 2.27　A→G→DL→P 原则

例如:一个公司中如果有 10 个部门,每个部门有 100 个用户需要访问域中一台服务器上的共享文件夹,如果为每个用户分别设置访问权限将是一项非常繁重的工作。为了解决此问题,可以采用"A→G→DL→P 原则"来对用户分配访问权限。首先,分别针对这 10 个部门创建 10 个全局组,并且以各部门的名称来命名对应的全局组;然后,在每个部门中,把需要访问共享文件夹的 100 个用户账户加入到各自部门对应的全局组中;接着,在域中创建一个本地域组,把这 10 个全局组加入到这个本地域组中;最后,给这个本地域组分配对共享文件夹的访问权限。这样,这 10 个部门的1 000 个用户便都能够以相同的权限访问此共享文件夹了。

使用"A→G→DL→P 原则"分配权限,具有以下优点:

(1)由于给组而不是给每个用户账户分配权限,所以大大减少了权限的分配次数;

(2)管理员如果希望了解访问这个共享文件夹的用户来自于公司的什么部门,只要打开这个本地域组,就能够根据里面全局组的名称判断出这些用户所在的部门;

（3）如果不再希望某个部门的某个用户访问这个共享文件夹,则只要从那个部门所对应的全局组中删掉这个用户账户即可;

（4）如果不再希望某个部门访问这个共享文件夹,则只要从本地域组中删掉这个部门所对应的全局组即可。

本章小结

（1）在域的活动目录数据库中,管理员可以为每个用户创建一个用户账户,由于这种用户账户只存在于域中,所以被称为"域用户账户"。

（2）一个域中无论有多少台计算机,一个用户只要拥有一个域用户账户,便可以访问域中所有计算机上允许访问的资源。

（3）域用户账户的资源访问范围可以是整个域,而并非局限在一台计算机上。

（4）在域中,管理员能够在活动目录数据库中创建并管理域用户账户。

（5）用户使用域用户账户可以在域中任何一台计算机上登录域,身份验证由域控制器检查活动目录完成。登录成功后,可以访问域中所有计算机上允许访问的资源。

（6）可以限定域用户账户的登录时间。

（7）可以限定域用户账户只能从特定的计算机上登录域。

（8）可以禁用、启用域用户账户。

（9）在域中,管理员能够在活动目录数据库中创建并管理域组账户。

（10）域组账户有两种:安全组和通讯组。

（11）从域组的使用范围来看,安全组又分为 3 种:全局组、本地域组和通用组。

（12）本地域组中可以包含域用户账户和全局组;全局组中只能包含其所在域中的域用户账户。

（13）一旦给某个组分配了权限或权力,那么这个组中的所有成员都将具有该组所拥有的权限或权力。

（14）在使用组为用户分配权限时,建议使用"A→G→DL→P 原则"。

思考与训练

1. 填空题

（1）在域的活动目录数据库中,管理员可以为每个用户创建一个用户账户,由于这种用户账户只存在于域中,所以被称为（　　　　　）。

（2）一个域中无论有多少台计算机,一个用户只要拥有（　　　）个域用户账户,便可以访问域中所有计算机上允许访问的资源。

(3)域用户账户的资源访问范围可以是整个(　　　),而并非局限在一台计算机上。

(4)用户使用域用户账户可以在域中任何一台计算机上登录域,身份验证由(　　　)检查活动目录完成。

(5)在一个 Windows Server 2003 域中,常见的内置域用户账户有(　　　)和(　　　)。

(6)域组账户有两种:(　　　)和(　　　)。

(7)在一个 Windows Server 2003 域中,常见的内置域组账户有(　　　)和(　　　)。

(8)从域组的使用范围来看,安全组又分为 3 种:(　　　)、(　　　)和(　　　)。

(9)在使用组为用户分配权限时,建议使用(　　　)原则。

2.思考题

(1)域用户账户具有什么特点?

(2)域组账户具有什么特点?

(3)在使用组为用户分配权限时,为什么建议使用"A→G→DL→P 原则"?

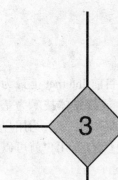

配置 Web 服务器

3

在 Windows Server 2003 计算机中,可以通过使用 IIS 6.0 在一台计算机中创建一个或多个 Web 服务器,并可以使用 IIS 6.0 对这些 Web 服务器进行管理。

📖 本章主要内容

☑ Web 服务概述

☑ 使用 IIS 搭建 Web 网站

☑ 使用 IIS 管理 Web 网站

🗝 本章学习要求

☑ 了解 Web 服务的概念与特点

☑ 了解常用的 Web 服务器产品

☑ 掌握使用 IIS 创建 Web 网站的方法

☑ 掌握使用 IIS 管理 Web 网站的方法

3.1　Web 服务概述

　　万维网(World Wide Web,WWW),可缩写为 W3 或 Web,是目前 Internet 上最为流行、最受欢迎的一种信息浏览服务。在服务器端,它以超文本或超媒体技术为基础,将 Internet 上各种类型的信息(例如文本、声音、图像信息等)集中在一起,为用户提供丰富多彩的资源。在客户端,用户的计算机连接到 Internet 上之后,用户就可以在自己的计算机上使用浏览器访问 Web 服务器上提供的资源了。

3.1.1　WWW 的基本概念

　　WWW 是基于超文本(Hypertext)或超媒体(Hypermedia)技术将许多信息资源链接而成的一个信息网。它是由节点和超链接组成的、方便用户在 Internet 上搜索和浏览信息的超媒体信息查询服务系统,是 Internet 的一部分。

　　提示:所谓"超文本"是指可以在普通文本中加入一些"超链接",访问者使用鼠标单击超链接就可以轻松进入超链接所指向的网页。超链接所指向的网页可能位于同一个 Web 站点上,也可能位于另一个 Web 站点上。这些站点可能相距千里,但是链接却可以在几秒内完成。

　　WWW 通过超文本传输协议(HTTP)向用户提供多媒体信息,所提供信息的基本单位是网页,每一个网页可以包含文字、图像、动画、声音等多种信息。

　　WWW 以客户机/服务器的模式进行工作。在 Internet 上的一些计算机上运行着 WWW 服务器程序,它们是信息的提供者,被称为"Web 服务器"。一台 Web 服务器除了提供自身的信息服务外,还"指向"存放在其他 Web 服务器上的信息。这些 Web 服务器又指向更多的 Web 服务器(也可能指向到原来的 Web 服务器)。这样,在全球范围由 Web 服务器互相指向而形成一个庞大的信息网。

　　在 Web 服务器上可以建立 Web 站点,网页就存放在这些 Web 站点中。由于 Web 服务器遍布世界各地,所以用户上网时就可以访问全球任何地方的 Web 服务器上的信息。

　　在客户端,用户使用 Web 浏览器浏览 Web 服务器上的信息。Web 浏览器为用户提供了一个可以轻松驾驭的图形化界面,它可以方便地获取 WWW 的丰富网页资源,这些网页按照超文本标记语言(HTML)确定的规则写成。

　　用户在访问 Web 资源时需要使用统一的格式进行访问,这种格式被称为统一资源定位符(URL)。一个 URL 的格式为"信息服务类型://信息资源地址/文件路径"。其中,"信息服务类型"指访问资源时所需使用的协议,如 http;"信息资源地址"指提供信息服务的计算机的 IP 地址或完全合格域名,在一些特殊情况下还会包含端口号;"文件路径"指所要访问的网页所在的目录以及网页文件的名称,使用 HT-

ML 编写的网页通常以 .htm 或.html 扩展名结尾。例如："http://www.abc.com/index.html"就是一个 URL。当用户浏览网页时,其 URL 会显示在浏览器的地址栏中。

3.1.2 常用 Web 服务器产品简介

1. IIS

IIS 是"Internet Information Services(Internet 信息服务)"的缩写,是微软公司开发的功能强大的信息发布软件。IIS 家族主要包括 Windows 98 操作系统中的 PWS (Personal Web Server)、Windows NT 操作系统中的 IIS 4.0、Windows 2000 操作系统中的 IIS 5.0 以及 Windows Server 2003 中的 IIS 6.0 等。发展到 6.0 版本后,IIS 已经不再是一个单独的 Windows 组件,而是与 ASP.NET、Microsoft.NET Framework 等众多软件一起被集成到了 Windows Server 2003 的应用程序服务器组件中,为用户提供了一个集成的、稳定的、可扩展的、安全性高并便于管理的 Internet 服务器平台。管理员利用 IIS,可以轻松搭建基于 Windows 操作系统的 Web 服务器。

2. Apache

Apache 是一款十分优秀的 Web 服务器软件,它源自美国国家计算机安全协会 (NCSA)的 Web 服务器项目,目前已在互联网中占据了举足轻重的地位。它支持多种平台,包括 UNIX、Linux 和 Windows,而且属于自由软件,也是开放源代码软件之一。Apache 服务器经过精心配置后,可以适应高负荷、大吞吐量的互联网工作。

但是,Apache 的配置不像 IIS 那样具有图形化界面,几乎所有的配置工作都采用文本文件方式进行配置,因此不太适于初级用户使用。本章主要对如何使用 IIS 搭建 Web 网站进行介绍。

3.2 使用 IIS 搭建 Web 网站

在 Windows Server 2003 计算机中,可以使用 IIS 轻松搭建 Web 网站,本节将对此进行详细的介绍。

3.2.1 安装与测试 IIS

1. 安装 IIS

Windows Server 2003 提供的 IIS 6.0 为更新版本的 IIS,它与旧版本之间的主要区别在于更加强调系统的安全性。由于在计算机中开启的服务越多,黑客攻击的机会就越大,因此出于安全考虑,在安装 Windows Server 2003 操作系统时,并没有默认自动安装 IIS,用户必须自己安装。另外,在安装 IIS 6.0 之前还需要注意以下几个事项。

(1)由于利用 IIS 搭建 Web 网站的目的是希望用户对其进行访问,而且用户通过网络访问某台计算机时,必须使用目标计算机的 IP 地址进行访问,所以为了便于用户访问该网站,最好在一台具有静态 IP 地址的计算机中安装 IIS。也就是说,管理员需要在希望安装 IIS 的计算机上手工输入其 IP 地址、子网掩码和默认网关等信息。

(2)用户访问某台计算机时,由于 IP 地址不便于记忆,所以用户习惯于使用计算机的完全合格域名进行访问,例如 http://www. a. com,因此需要为计算机设置一个完全合格域名,并且将这个完全合格域名与 IP 地址注册到 DNS 服务器内,当用户使用完全合格域名访问该计算机时,由此 DNS 服务器提供该 Web 网站的 DNS 名称解析服务。

(3)与 FAT 和 FAT32 格式相比,NTFS 格式具有更高的安全性,因此为了提高网络资源的安全性,最好把网站中的内容(如网页)存储在 NTFS 格式的磁盘分区中。

完成准备工作之后,即可以按照下面的操作步骤在一台 Windows Server 2003 的计算机中安装 IIS 6.0 了。

步骤 1:单击"开始"→"设置"→"控制面板"→"添加或删除程序",弹出图 3.1所示的窗口。在此窗口中选择"添加/删除 Windows 组件",弹出图 3.2 所示的对话框。

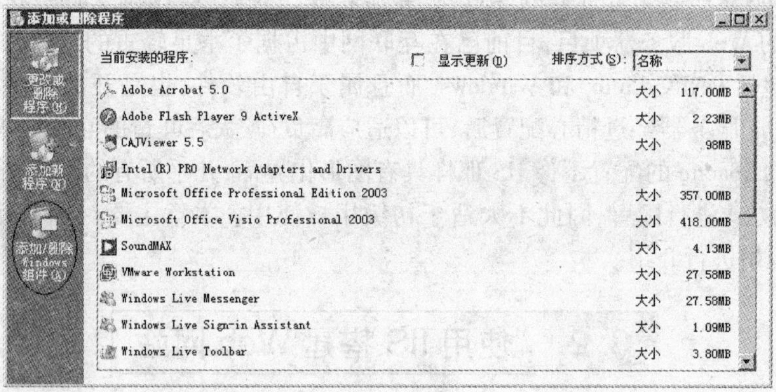

图 3.1　添加/删除 Windows 组件

步骤 2:在图 3.2 所示的对话框中选中"应用程序服务器"复选框,然后单击"详细信息"按钮,弹出图 3.3 所示的对话框。

步骤 3:在图 3.3 所示的对话框中,选中"Internet 信息服务(IIS)"复选框,然后单击"确定"按钮。这时将返回图 3.2 所示的对话框,在此对话框中单击"下一步"按钮,在弹出的对话框中单击"完成"按钮。

> 提示:在选择"Internet 信息服务(IIS)"后,它只会安装支持静态属性的组件。如果希望安装其他组件,例如 Active Server Pages、FrontPage 2002 Server Extensions 等,请在图 3.3 所示对话框中单击"详细信息"按钮,选择希望添加的子组件,然后再单击"确定"按钮进行安装。

通过以上步骤,即可完成在 Windows Server 2003 计算机上安装 IIS 6.0 的工作。

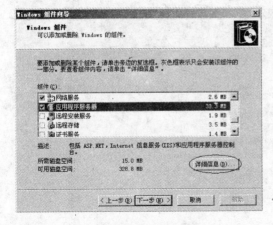

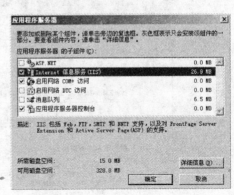

图 3.2 选择"详细信息" 图 3.3 选择"Internet 信息服务(IIS)"

2. 测试 IIS

在一台计算机上安装完成 IIS 后,就可以使用"IIS 管理器"来建立 Web 网站,并对其进行管理了。在建立网站之前,需要测试 IIS 是否安装成功。

(1)需要按照下面的操作步骤启动"IIS 管理器"。

单击"开始"→"程序"→"管理工具"→"Internet 信息服务(IIS)管理器",弹出如图 3.4 所示的"IIS 管理器"窗口,从图中可以看到,在安装 IIS 的过程中,系统已经自动建立了一个名为"默认网站"的 Web 网站。

图 3.4 IIS 管理器

(2)通过访问"默认网站"测试 IIS 是否安装成功。具体操作方法如下。

在另外一台计算机上,打开 Internet Explorer,在地址栏中输入" http://192.168.1.1"(其中"192.168.1.1"为安装 IIS 计算机的 IP 地址)。利用 Web 浏览器(例如 Internet Explorer)来连接这个"默认网站"。如果连接成功,则会出现如图 3.5 所示的网页。如果没有出现图 3.5 所示的网页,需要在"IIS 管理器"中检查"默认网站"是否处在"正在运行"的状态,如图 3.6 所示。

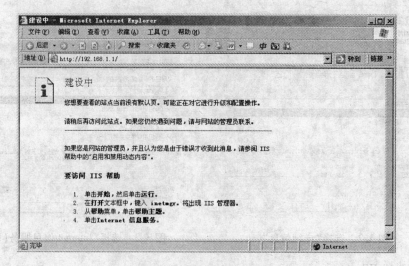

图 3.5　连接成功的画面

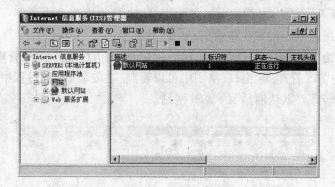

图 3.6　检查默认网站的状态

如果"默认网站"处在停止状态,那么需要启动该网站。启动方法为:右键单击"默认网站",然后从快捷菜单中选择"启动"来激活它,如图 3.7 所示。启动后,可以重新进行测试。

3.2.2　Web 网站的基本设置

在安装 IIS 的过程中,系统会自动建立一个名为"默认网站"的网站。用户既可以直接使用这个网站,也可以自己创建新的网站。本小节将利用这个"默认网站"来说明 Web 网站的一些基本设置信息。

1. 网站标识

在建立一个 Web 网站时,需要对该网站设置一些基本的标识信息。可以按照下面的方法对网站标识进行设置。

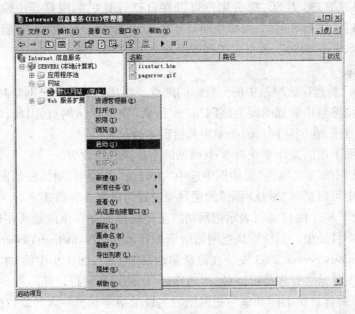

图 3.7   激活默认网站

在图 3.7 所示的窗口中,右键单击"默认网站",从快捷菜单中选择"属性",打开属性对话框并选中"网站"选项卡,对话框如图 3.8 所示,可以在此对话框中对该"默认网站"选项区域进行设置。

• "描述":用来对这个网站进行说明。

• "IP 地址":在此处的下拉列表中给出了该计算机中所有的 IP 地址,可以从中选择一个 IP 地址作为本网站的连接,如果选择"(全部未分配)"则意味着可以使用该计算机上任何一个尚未分配给其他站点的 IP 地址来访问该网站。

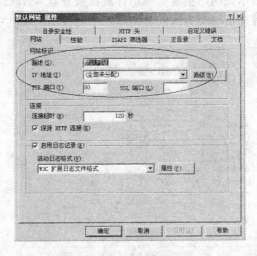

图 3.8   网站标识

• "TCP 端口":指定运行 Web 服务的 TCP 端口号,默认端口号为 80。该项必须设定,不能为空。如果此端口号不为 80,那么当客户端浏览该网站时,必须指定对应的 TCP 端口号,否则无法浏览;如果端口号是 80,则客户端浏览该网站时,可以不指定端口号,也能够成功浏览该网站。例如,假设该网站使用的 IP 地址为

192.168.1.1,端口号为 80,那么用户可以在自己计算机的浏览器中输入"http://192.168.1.1"来访问该网站;而如果端口号为 8080,则用户必须在浏览器中输入"http://192.168.1.1:8080",才可以访问该网站。

2. 主目录

"主目录"是指存放网站中网页资源的地点。当用户访问某个网站时,用户在自己计算机的浏览器中看到的即为该网站"主目录"中的默认网页,因此,每个网站都有自己的主目录,在创建网站时必须为其指定主目录。

可以按照下面的操作步骤对 Web 网站的主目录进行设置。

在"默认网站"的"属性"对话框中选中"主目录"选项卡,对话框如图 3.9 所示,在此对话框中可以把该"默认网站"的主目录设置为以下 3 种形式之一。

• "此计算机上的目录":表示把网站的主要资源保存在该网站所在计算机本地磁盘上的一个目录中。系统默认把网站的资源存放在"d:\inetpub\wwwroot"文件夹中(假设 Windows Server 2003 安装在磁盘驱动器 D:上),图 3.9 中的"本地路径"即为该网站的主目录。管理员可以对"本地路径"中的路径进行设置。

• "另一台计算机上的共享":把网站的主目录指定到另一台计算机的共享文件夹,如图 3.10 所示"网络目录"中的"\\server2\wwwroot"即为目前该网站的主目录,表示该网站主要资源都存放在服务器 server2 的共享文件夹 wwwroot 中。此情况下,管理员必须为访问者指定一个有权访问该共享文件夹的用户账户和密码。

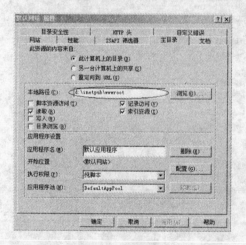

图 3.9　设置主目录

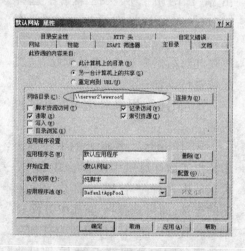

图 3.10　网络目录

• "重定向到 URL":表示用户在访问该网页时,在用户的浏览器中看到的是"重定向到"文本框中所示网站的内容。例如在图 3.11 中将这个网站重新定向到 http://192.168.1.2,这意味着当用户使用 http://192.168.1.1 访问该网站时,他看到的将是另一个网站(http://192.168.1.2)上的网页资源。

3. 默认网页

如果把主目录设置为"此计算机上的目录"或"另一台计算机上的共享",并且在图3.12所示的"文档"选项卡中选中"启用默认内容文档"复选框,当用户在访问该网站时,若没有指定具体的网页文档名称,则网站会把"启用默认内容文档"中的文档作为默认网页发送给用户的浏览器。

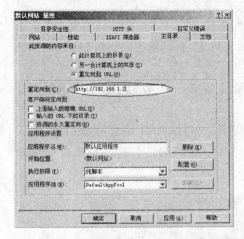

图3.11　重定向到另一个网站

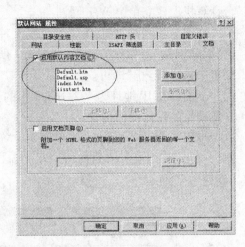

图3.12　设置默认网页

从图3.12可以看出,在此网站中有4个默认网页,它们是系统自动设置的。管理员可以根据需要添加或删除默认网页文档,也可以通过单击图中的"上移"或"下移"按钮来调整这些默认网页文档的排列顺序。当用户访问该网站时,它会读取排列在最上面的网页(Default.htm),如果在主目录中没有找到这个文档,则按照由上到下的顺序依次读取后面的文档。

如果在主目录中找不到默认文档列表中的任何一个网页文件,则在用户的浏览器上会出现如图3.13所示的画面。

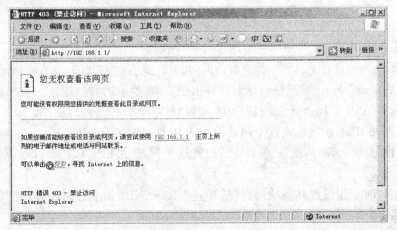

图3.13　找不到默认网页

提示:默认的网页文档需要存放在主目录的根目录中。

3.2.3　建立新网站

利用 IIS 可以在一台计算机上同时建立多个 Web 网站,下面首先介绍如何在一台计算机上建立单个 Web 网站。

在建立新网站之前,为了避免发生冲突,最好先停止目前处于"正在运行"状态的"默认网站"。操作方法为:在图 3.7 所示的窗口中,右键单击"默认网站",在快捷菜单中选择"停止"即可。

下面以在 IP 地址为 192.168.1.1 的计算机上建立一个 Web 网站为例,来说明建立新网站的具体操作步骤。

步骤 1:单击"开始"→"程序"→"管理工具"→"Internet 信息服务(IIS)管理器",弹出图 3.14 所示的窗口。在此窗口中,右键单击"网站",在快捷菜单中选择"新建"→"网站"。

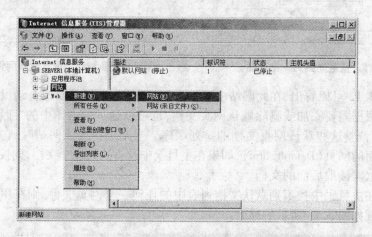

图 3.14　新建网站

步骤 2:当出现"欢迎使用网站创建向导"画面时,单击"下一步"按钮。

步骤 3:当出现图 3.15 所示的对话框时,在"描述"文本框中输入该网站的描述文字,然后单击"下一步"按钮。这时将弹出图 3.16 所示的对话框。

步骤 4:在图 3.16 所示的对话框中,需要对以下项目进行设置。

• "网站 IP 地址":选定这个网站使用的 IP 地址,如 192.168.1.1。

• "网站 TCP 端口(默认值:80)":设置这个网站使用的 TCP 端口号,默认值为80。

目前暂时不用设置其他项目,然后单击"下一步"按钮。这时将弹出图 3.17 所示的对话框。

步骤 5:在图 3.17 所示的对话框中,在"路径"下面的文本框中为新网站设置主

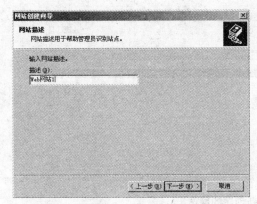 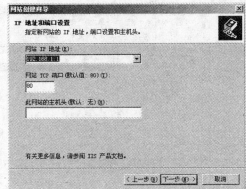

图 3.15　网站描述　　　　　　　图 3.16　设置 IP 地址和端口

目录路径。如果允许用户以匿名的方式访问这个网站(即用户在访问该网站时不需提供任何用户账户和密码),则选中"允许匿名访问网站"复选框。设置完成后,单击"下一步"按钮。这时将弹出图 3.18 所示的对话框。

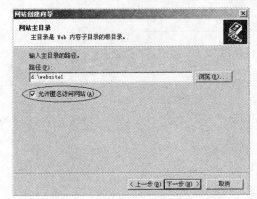 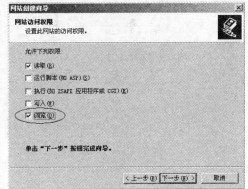

图 3.17　为新网站设置主目录　　　　图 3.18　设置访问权限

步骤 6:在图 3.18 所示的对话框中,为网站设置访问权限,即当用户访问该网站时,可以执行哪些操作。在本例中,为了让用户在访问网站时能够观察到与网站建立连接后的效果,可以为网站分配"读取"和"浏览"访问权限,如图 3.18 所示。这样,如果在网站的主目录中没有存储任何网页资源,则当用户连接到该网站时,可以在浏览器中看到该网站主目录中的文件列表。设置完成后,单击"下一步"按钮。

步骤 7:当出现"已成功完成网站创建向导"对话框时,单击"完成"按钮。

创建完成后,便可以在 IIS 管理器中看到这个网站了,如图 3.19 所示,"Web 网站 1"即为新创建的网站。

从图 3.19 中可以看到"Web 网站 1"的 IP 地址为 192.168.1.1,端口号为 80,因

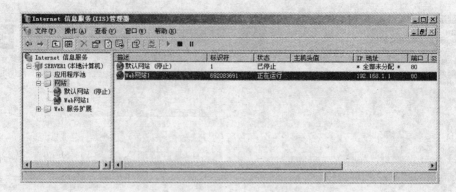

图 3.19　查看新创建的网站

此当用户希望访问这个网站时，便可以在自己计算机的浏览器上输入"http：//
192.168.1.1"或"http://192.168.1.1：80"，这时会在浏览器中看到如图 3.20 所示
的窗口，表示该用户已经成功连接到了该网站。

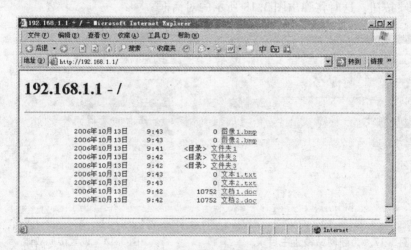

图 3.20　访问网站

从图 3.20 所示的窗口可以得知，目前在该网站中还没有可以浏览的默认网页，
图中显示的是该网站主目录中存储的文件资源。

3.2.4　在一台计算机上同时建立多个 Web 网站

由于 IIS 支持在一台计算机上同时建立多个 Web 网站，因此管理员可以利用此
功能，把多个 Web 网站建立在同一台计算机上，而不需要使用多台计算机。在此情
况下，为了让用户能够区分同一台计算机上的多个网站，从而可以正确连接到自己希
望访问的网站中，管理员必须为每个网站指定一个唯一确定的标识。

有 3 种类型用来表示网站的信息，它们分别是 IP 地址、TCP 端口号和主机头名

称。管理员可以通过合理使用这 3 种标识信息,在一台计算机上同时建立多个 Web 网站。

(1)利用多个 IP 地址建立多个网站:如果一台计算机中具有多个 IP 地址,那么可以分别在每个 IP 地址上绑定一个 Web 网站。这样,用户可以通过不同的 IP 地址来访问绑定在各自 IP 地址上的 Web 网站。

(2)利用多个 TCP 端口建立多个网站:对于同一个 IP 地址,也可以通过采用不同 TCP 端口号的形式建立多个 Web 网站,即为每个网站分配不同的 TCP 端口。此时,用户访问这些网站时,不仅要提供网站的 IP 地址,还需要提供网站的 TCP 端口号。当端口号为 80 时,可以省略。一般情况下,不建议采用此种方法。

(3)利用多个主机头名称建立多个网站:对于同一个 IP 地址,同一个 TCP 端口,也可以通过采用不同的主机头名称建立多个 Web 网站。这样,用户可以利用不同的主机头名称来访问绑定在各主机头名称上的网站。在大多数情况下,建议使用这种方法。

下面将对如何使用以上 3 种方式在一台计算机上建立多个 Web 网站进行详细介绍。

1. 利用多个 IP 地址建立多个网站

如果一台计算机中具有多个 IP 地址,则可以在此计算机中,利用为每一个网站分配一个 IP 地址的方式建立多个网站。

前面已经介绍了在 IP 地址为 192.168.1.1 的计算机上如何建立一个 Web 网站。在这里仍然以这台计算机为例,介绍如何利用多个 IP 地址建立多个网站。在创建第二个网站之前,首先需要为这台计算机再添加一个 IP 地址(例如:192.168.2.1),然后再利用第二个 IP 地址建立第二个 Web 网站。

1)添加 IP 地址

可以按照下面的操作步骤为一台计算机添加多个 IP 地址。

步骤 1:右键单击“网上邻居”,从快捷菜单中选择“属性”,打开“网络连接”窗口。右键单击一个网卡的名称(例如本地连接),从快捷菜单中选择“属性”打开“属性”对话框,选中“Internet 协议(TCP/IP)”,单击“属性”按钮,弹出图 3.21 所示的对话框。在此对话框中单击“高级”按钮,这时将弹出图 3.22 所示的对话框。

步骤 2:在图 3.22 所示的对话框中,选择“IP 设置”选项卡,然后在“IP 地址”栏中单击“添加”按钮,这时将出现图 3.23 所示的对话框。

步骤 3:在图 3.23 所示的对话框中,输入 IP 地址“192.168.2.1”,然后单击“添加”按钮,返回到图 3.22 所示对话框。

步骤 4:可以看到,这个网卡被分配了两个 IP 地址,分别为“192.168.1.1”和“192.168.2.1”,如图 3.24 所示。单击“确定”按钮。

步骤 5:当返回到图 3.21 所示的窗口时,再单击“确定”按钮。

通过以上步骤,就已经为这个网卡设定了两个不同的 IP 地址,然后就可以在第

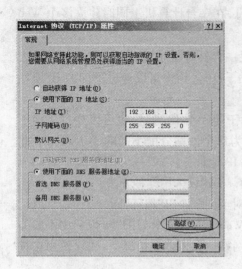

图 3.21 单击"高级"按钮

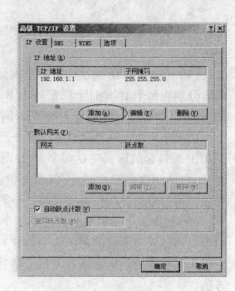

图 3.22 单击"添加"按钮

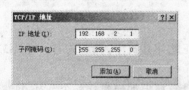

图 3.23 输入另一个 IP 地址

二个 IP 地址上创建第二个 Web 网站了。

2)建立第二个网站

下面将介绍如何在计算机中利用第二个 IP 地址 192.168.2.1 创建第二个 Web 网站。具体操作步骤如下。

步骤 1:在计算机上,单击"开始"→"程序" →"管理工具"→"Internet 信息服务(IIS)管理器",启动"IIS 管理器"。展开"本地计算机",右键单击"网站",在快捷菜单中选择"新建"→"网站"。

步骤 2:当出现"欢迎使用网站创建向导"对话框时,单击"下一步"按钮。这时将弹出图 3.25 所示的对话框。

步骤 3:在图 3.25 所示的对话框的"描述"文本框中输入该网站的描述文字,然后单击"下一步"按钮。这时将弹出图 3.26 所示的对话框。

步骤 4:在图 3.26 所示对话框中,在"网站 IP 地址"处选定这个网站使用的 IP 地址"192.168.2.1",其他项目暂时不用

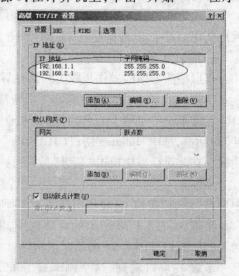

图 3.24 具有两个 IP 地址

设置,单击"下一步"按钮。这时将弹出图 3.27 所示的对话框。

步骤 5:在图 3.27 所示的对话框中,指定这个网站的主目录所在的路径。如果

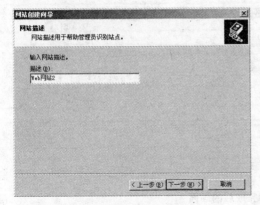

图 3.25　网站描述

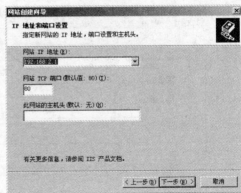

图 3.26　设置 IP 地址

允许用户以匿名的方式访问这个网站(即在访问网站时无需提供任何用户账户和密码),则选中"允许匿名访问网站"复选框,然后单击"下一步"按钮。这时将弹出图3.28 所示的对话框。

　　步骤 6:在图 3.28 所示的对话框中,为该网站设置用户的访问权限。在本例中,为了方便用户能够看到新建立网站的效果,选中"读取"和"浏览"权限,然后单击"下一步"按钮。

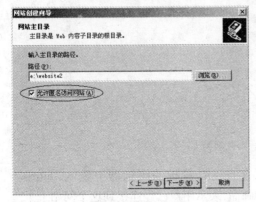

图 3.27　设置主目录

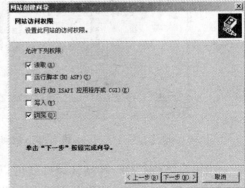

图 3.28　设置访问权限

　　步骤 7:当出现"已成功完成网站创建向导"窗口时,单击"完成"按钮。这样,便在计算机上利用 IP 地址 192.168.2.1 创建了第二个 Web 网站。

　　这时可以在图 3.29 所示的窗口中看到,已经在"IIS 管理器"中建立了两个 Web 网站,其中"Web 网站 1"绑定在 IP 地址 192.168.1.1 上,而"Web 网站 2"绑定在 IP 地址 192.168.2.1 上。

　　3)利用浏览器访问 Web 网站

　　当用户访问"Web 网站 1"时,就可以在自己计算机的浏览器上输入"http://

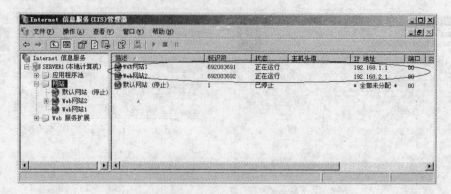

图 3.29　创建完成后的画面

192.168.1.1",这时将会出现图 3.30 所示的画面,表示用户已经连接到这个网站上了。

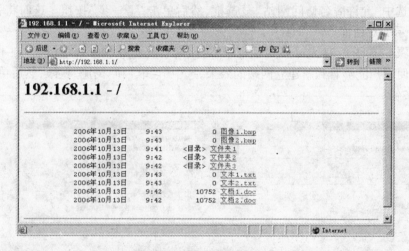

图 3.30　访问"Web 网站 1"

当用户访问"Web 网站 2"时,就可以在自己计算机的浏览器上输入"http://192.168.2.1",这时将会出现图 3.31 所示的画面,表示用户已经连接到这个网站上了。

2. 利用多个 TCP 端口建立多个网站

如果计算机仅有一个 IP 地址,可以考虑利用多个 TCP 端口来建立多个网站,即多个网站使用相同的 IP 地址,而通过指定不同的 TCP 端口号来区分它们。当然,即使某计算机有多个 IP 地址,也可以使用这种方法在这台计算机中建立多个网站。

下面将建立两个 Web 网站,两个网站具有相同的 IP 地址 192.168.1.1,但是给它们分配不同的 TCP 端口。具体信息如表 3.1 所示。

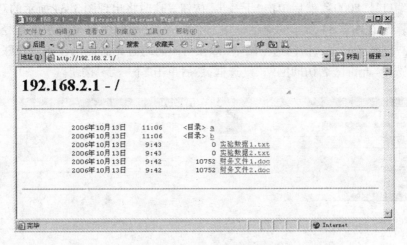

图 3.31   访问"Web 网站 2"

表 3.1   网站 3 和网站 4 的标识信息

网站标识	TCP 端口号	IP 地址	主目录
Web 网站 3	8000	192.168.1.1	E:\website3
Web 网站 4	9000	192.168.1.1	E:\website4

1）建立第一个网站"Web 网站 3"

具体操作步骤如下。

步骤 1：在计算机上，单击"开始"→"程序"→"管理工具"→"Internet 信息服务(IIS)管理器"，启动"IIS 管理器"。展开"本地计算机"，右键单击"网站"，从快捷菜单中选择"新建"→"网站"。

步骤 2：当出现"欢迎使用网站创建向导"对话框时，单击"下一步"按钮。这时将弹出图 3.32 所示的对话框。

步骤 3：在图 3.32 所示的对话框中，为该网站输入描述文字，然后单击"下一步"按钮。这时将出现图 3.33 所示的对话框。

步骤 4：在图 3.33 所示的对话框中，在"网站 IP 地址"处为该网站选定 IP 地址"192.168.1.1"，并在"网站 TCP 端口（默认值：80）"

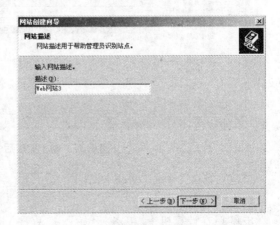

图 3.32   网站描述

处输入端口号"8000",然后单击"下一步"按钮。这时将出现图 3.34 所示的对话框。

　　步骤 5:在图 3.34 所示的对话框中,为这个网站指定主目录所在的路径。如果允许用户以匿名的方式访问这个网站(即在访问网站时无需提供任何用户账户和密码),则选中"允许匿名访问网站"复选框,然后单击"下一步"按钮。

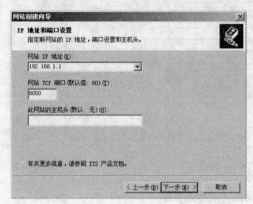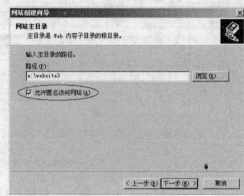

　　　　图 3.33　设置 IP 地址和端口　　　　　　　　　图 3.34　设定主目录

　　步骤 6:当出现"网站访问权限"对话框时,选中"读取"和"浏览",然后单击"下一步"按钮。

　　步骤 7:当出现"已成功完成网站创建向导"窗口时,单击"完成"按钮。

　　这样,便在计算机上使用 IP 地址 192.168.1.1 和 TCP 端口号 8000 创建了第一个 Web 网站"Web 网站 3",如图 3.35 所示。

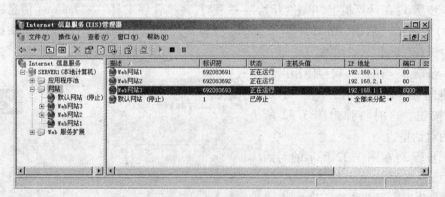

　　　　　　　　　　图 3.35　创建完成后的画面

　2)建立第二个网站"Web 网站 4"

　　具体操作步骤如下。

　　步骤 1:在计算机上,单击"开始"→"程序"→"管理工具"→"Internet 信息服务(IIS)管理器",启动"IIS 管理器"。展开"本地计算机",右键单击"网站",从快捷菜单中选择"新建"→"网站"。

    步骤 2：当出现"欢迎使用网站创建向导"对话框时，单击"下一步"按钮。这时将弹出图 3.36 所示的对话框。

    步骤 3：在图 3.36 所示的对话框中，为该网站输入描述文字，然后单击"下一步"按钮。这时将出现图 3.37 所示的对话框。

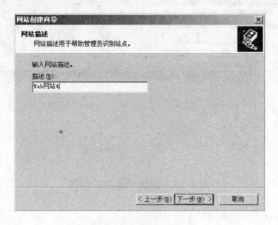

图 3.36　网站描述

    步骤 4：在图 3.37 所示的对话框中，在"网站 IP 地址"处为该网站选定 IP 地址"192.168.1.1"，并在"网站 TCP 端口（默认值:80)"处输入端口号"9000"，然后单击"下一步"按钮。这时将出现图 3.38 所示的对话框。

    步骤 5：在图 3.38 所示的对话框中为这个网站的主目录选定一个文件夹。如果希望允许用户以匿名的方式访问这个网站（即在访问网站时无需提供任何用户账户和密码），那么还应该选中"允许匿名访问网站"复选框，然后单击"下一步"按钮。

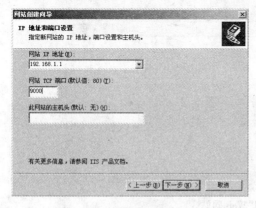

图 3.37　设置 IP 地址和端口

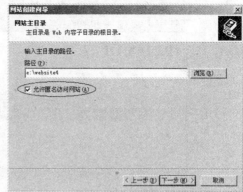

图 3.38　设置主目录

    步骤 6：当出现"网站访问权限"对话框时，选中"读取"和"浏览"，然后单击"下一步"按钮。

    步骤 7：当出现"已成功完成网站创建向导"窗口时，单击"完成"按钮。

    这样，便在计算机上使用 IP 地址 192.168.1.1 和 TCP 端口号 9000 创建了第二个 Web 网站"Web 网站 4"，如图 3.39 所示。

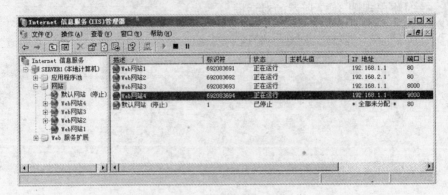

图 3.39   创建完成后的画面

    3）利用浏览器访问 Web 网站

    由于在建立网站"Web 网站 3"和"Web 网站 4"时，使用了非默认 TCP 端口号，所以用户在访问这些网站时，需要指定网站使用的 TCP 端口号才能访问它，格式为"http://IP 地址：端口号"。

    因此，当用户希望访问"Web 网站 3"时，可以在自己计算机的浏览器中输入"http://192.168.1.1:8000"，这时便会在浏览器中看到图 3.40 所示的画面，表示用户已经连接到这个网站上了。

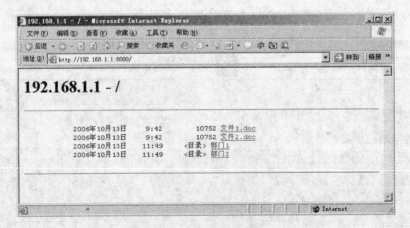

图 3.40   访问"Web 网站 3"

    当用户希望访问"Web 网站 4"时，可在自己计算机的浏览器上输入"http://192.168.1.1:9000"，这时会在浏览器中看到图 3.41 所示的画面，表示用户已经连接到这个网站上了。

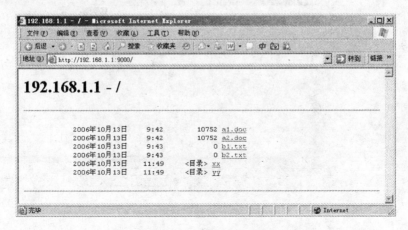

图 3.41   访问"Web 网站 4"

3. 利用多个主机头名称建立多个网站

如果希望在一台计算机中建立多个网站,而此计算机仅有一个 IP 地址,并且希望这些网站使用相同的 TCP 端口(例如 80),可以通过为每个网站分配不同的主机头名称来建立这些网站。当然,即使计算机有多个 IP 地址并且每个网站使用不同的 TCP 端口号,也可以使用这种方法建立多个网站。

下面将通过建立表 3.2 所示的两个 Web 网站,来说明如何使用同一个 IP 和同一个 TCP 端口号,通过分配不同的主机头名称在一台计算机上建立多个 Web 网站。

表 3.2   两个具有不同主机头的网站

网站标识	主机头名称	TCP 端口号	IP 地址	主目录
Web 网站 5	sale. abc. com	80	192. 168. 1. 1	E:\website5
Web 网站 6	training. abc. com	80	192. 168. 1. 1	E:\website6

1)建立第一个网站"Web 网站 5"

具体操作步骤如下。

步骤 1:在计算机上,单击"开始"→"程序"→"管理工具"→"Internet 信息服务(IIS)管理器",启动"IIS 管理器"。展开"本地计算机",右键单击"网站",从快捷菜单中选择"新建"→"网站"。

步骤 2:当出现"欢迎使用网站创建向导"对话框时,单击"下一步"按钮。这时将弹出图 3.42 所示的对话框。

步骤 3:在图 3.42 所示的对话框中,为该网站输入描述文字,然后单击"下一步"按钮。这时将出现图 3.43 所示的对话框。

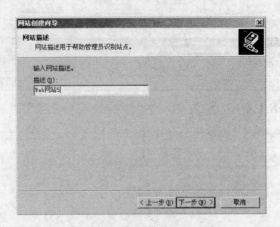

图 3.42　设置网站描述

　　步骤 4：在图 3.43 所示的对话框中，在"网站 IP 地址"处为该网站选定 IP 地址"192.168.1.1"，在"网站 TCP 端口（默认值：80）"处输入端口号"80"，在"此网站的主机头（默认：无）"处输入"Web 网站 5"的主机头名称"sale.abc.com"，单击"下一步"按钮。这时将出现图 3.44 所示的对话框。

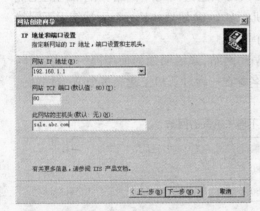

图 3.43　设置 IP 地址和端口

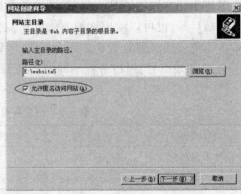

图 3.44　设置主目录

　　步骤 5：在图 3.44 所示的对话框中为这个网站的主目录选定一个文件夹。如果希望允许用户以匿名的方式访问这个网站（即在访问网站时无需提供任何用户账户和密码），选中"允许匿名访问网站"复选框，然后单击"下一步"按钮。

　　步骤 6：当出现"网站访问权限"对话框时，选中"读取"和"浏览"，然后单击"下一步"按钮。

　　步骤 7：当出现"已成功完成网站创建向导"画面时，单击"完成"按钮。

　　这样，便在计算机上使用 IP 地址 192.168.1.1，TCP 端口号 80、主机头名称 sale.abc.com 创建了第一个 Web 网站"Web 网站 5"，如图 3.45 中所示。

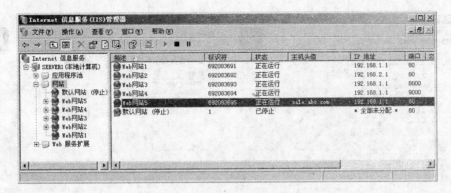

图 3.45 查看新创建的网站

2) 建立第二个网站"Web 网站 6"

具体操作步骤如下。

步骤 1：在计算机上，单击"开始"→"程序"→"管理工具"→"Internet 信息服务 (IIS) 管理器"，启动"IIS 管理器"。展开"本地计算机"，右键单击"网站"，从快捷菜单中选择"新建"→"网站"。

步骤 2：当出现"欢迎使用网站创建向导"对话框时，单击"下一步"按钮。这时将弹出图 3.46 所示的对话框。

步骤 3：在图 3.46 所示的对话框中，为该网站输入描述文字，然后单击"下一步"按钮。这时将出现图 3.47 所示的对话框。

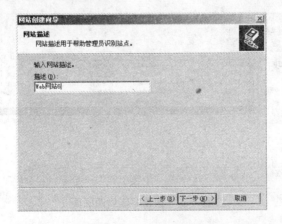

图 3.46 网站描述

步骤 4：在图 3.47 所示的对话框中，在"网站 IP 地址"处为该网站选定 IP 地址 "192.168.1.1"，在"网站 TCP 端口（默认值：80）"处输入端口号"80"，在"此网站的主机头（默认：无）"处输入"Web 网站 6"的主机头名称"training.abc.com"，单击"下一步"按钮。这时将出现图 3.48 所示的对话框。

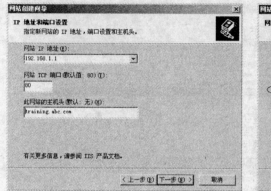 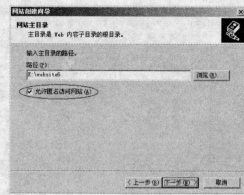

　　图3.47　设置 IP 地址和端口　　　　　　　　　图3.48　设置访问权限

　　步骤5：在图3.48所示的对话框中为这个网站的主目录选定一个文件夹。如果希望允许用户以匿名的方式访问这个网站(即在访问网站时无需提供任何用户账户和密码)，选中"允许匿名访问网站"复选框，然后单击"下一步"按钮。

　　步骤6：当出现"网站访问权限"对话框时，选中"读取"和"浏览"，然后单击"下一步"按钮。

　　步骤7：当出现"已成功完成网站创建向导"画面时，单击"完成"按钮。

　　这样，便在计算机上使用 IP 地址192.168.1.1，TCP 端口号80、主机头名称 training.abc.com 创建了第二个 Web 网站"Web 网站6"，如图3.49中所示。

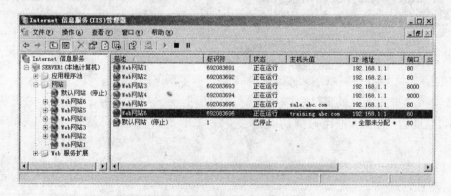

　　图3.49　创建完成后的画面

　　3)将网站的主机头名称与 IP 地址注册到 DNS 服务器

　　因为"Web 网站5"和"Web 网站6"使用了相同的 IP 地址和 TCP 端口号，但是具有不同的主机头名称，所以当用户希望访问这两个网站时，需要使用这两个网站的主机头名称进行访问。例如：用户希望访问"Web 网站5"时，由于其主机头名称为 sale.abc.com，因此需要用户在自己计算机的浏览器中输入"http://sale.abc.com"来访问这个网站。但是，一台计算机在连接另一台计算机时，需要知道对方的 IP 地址才可以实现,也就是说,虽然用户知道网站的主机头名称,但是用户的计算机还需要知道这个网站的 IP 地址才能访问该网站。因此,当用户通过主机头名称来访问这些网站时,计算机首先需要求助于 DNS 服务器来对目标计算机的主机头名称进行 DNS 名称解析,然后使用解析到的 IP 地址访问这些网站。

为了能够使 DNS 服务器具有解析这些网站 DNS 名称的能力,管理员首先需要把这些网站的主机头名称及其 IP 地址的映射关系注册到一台 DNS 服务器中。这样,当用户通过主机头名称来访问这些网站时,该 DNS 服务器就可以为其提供被访问网站的 IP 地址了。DNS 服务器的工作原理如图 3.50 所示。

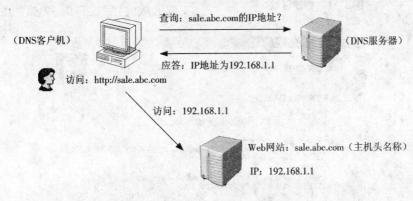

图 3.50　DNS 服务器的工作原理

首先,管理员需要在网络中配置一台 DNS 服务器;然后,在这台 DNS 服务器上注册 Web 网站的主机头名称及其 IP 地址的映射记录;接着,把用户的计算机配置为这台 DNS 服务器的 DNS 客户机。这样,当用户在自己计算机的浏览器中输入"http://sale.abc.com"时,计算机会把解析 sale.abc.com 的请求发送给 DNS 服务器,由于 DNS 服务器中已经存储有此网站主机头名称到 IP 地址的映射记录,因此该 DNS 服务器可以把此网站的 IP 地址 192.168.1.1 提供给用户计算机;当用户计算机获得该 IP 地址后,就能够把用户的访问请求发送给 IP 地址为 192.168.1.1 的 Web 网站了。

可以按照下面的操作步骤把一个网站的主机头名称与 IP 地址的对应关系注册到一台 DNS 服务器中。

步骤 1:在 DNS 服务器中,单击"开始"→"程序"→"管理工具"→"DNS",打开 DNS 管理控制台,如图 3.51 所示。然后展开这台 DNS 服务器,右键单击"正向查找区域",从快捷菜单中选择"新建区域"。

步骤 2:当出现"欢迎使用新建区域向导"窗口时,单击"下一步"按钮。

步骤 3:当出现图 3.52 所示的对话框时,单击"主要区域",然后选择"下一步"按钮。这时将弹出图 3.53 所示的对话框。

步骤 4:在图 3.53 所示的对话框中,在"区域名称"文本框中输入一个区域名称,

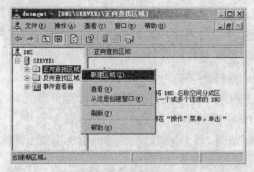

图 3.51 新建区域

例如 abc. com。然后单击"下一步"按钮。这时将弹出图 3.54 所示的对话框。

步骤 5：在图 3.54 所示的对话框中，采用默认值设置即可，单击"下一步"按钮。

步骤 6：在弹出的对话框中继续单击"下一步"按钮。当出现"完成新建区域向导"窗口时，单击"完成"按

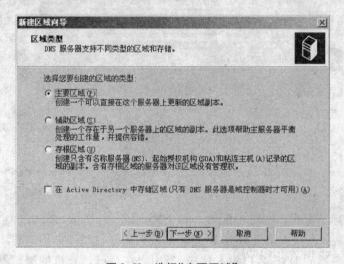

图 3.52 选择"主要区域"

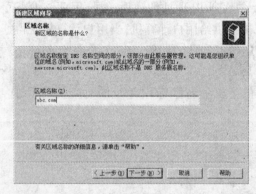

图 3.53 设置区域名称

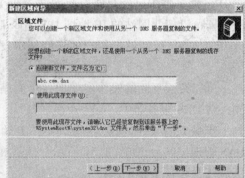

图 3.54 创建区域文件

钮。当创建了主要区域(例如 abc. com)后，就可以在这台 DNS 的管理控制台中看到它了，如图 3.55 所示。

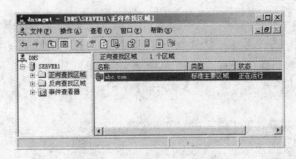

图 3.55 创建完成后的画面

步骤 7：在图 3.56 所示窗口中的"正向查找区域"内，右键单击一个主要区域（例如 abc.com），从快捷菜单中选择"新建主机（A）"。这时将弹出图 3.57 所示的对话框。

图 3.56 新建主机记录

步骤 8：在图 3.57 所示的对话框中，在"名称"文本框中输入主机名称"sale"，在"IP 地址"文本框中输入对应的 IP 地址"192.168.1.1"，然后单击"添加主机"按钮。这样，即可把主机主名称 sale.abc.com 及其 IP 地址 192.168.1.1 的映射关系添加到主要区域 abc.com 中。

步骤 9：重复以上步骤，将主机头名称 train-ing.abc.com 与 IP 地址 192.168.1.1 的映射记

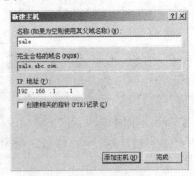

图 3.57 建立主机记录

录也添加到此区域中，添加完成后，可以在该 DNS 控制器中看到这些记录，如图 3.58 所示。

提示:这时,为了验证 DNS 服务器是否可以提供 Web 网站的 DNS 名称解析功能,用户可以在自己计算机(假设该计算机已经配置成为了这台 DNS 服务器的 DNS 客户机)的命令提示符窗口中使用命令"ping sale. abc. com"或"ping training. abc. com",看看是否可以正常地解析到它们的 IP 地址 192. 168. 1. 1。

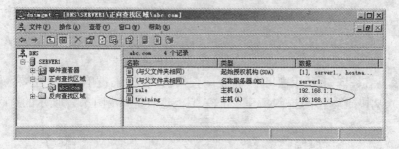

图 3.58　创建完成后的画面

4)利用浏览器访问 Web 网站

当用户希望访问"Web 网站 5"时,则可以在自己计算机的浏览器中输入"http://sale. abc. com",这时会在浏览器中看到图 3.59 所示的窗口,表示用户已经连接到这个网站上了。

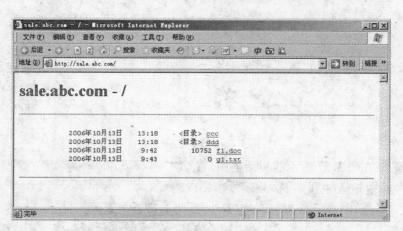

图 3.59　访问"Web 网站 5"

当用户希望访问"Web 网站 6"时,则可以在自己计算机的浏览器上输入"http://training. abc. com",这时会在浏览器中看到图 3.60 所示的窗口,表示用户已经连接到这个网站上了。

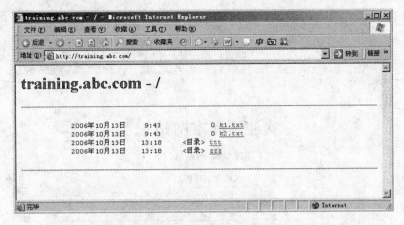

图 3.60　访问"Web 网站 6"

3.3　使用 IIS 管理 Web 网站

当在 Windows Server 2003 的计算机中使用 IIS 建立好 Web 网站后,还可以使用 IIS 对这些网站进行必要的设置。

3.3.1　设置默认网页

当用户在访问某个网站时,如果没有指定具体的网页文档名称,将会看到该网站的"首页",然后可以通过该网页上的链接访问网站中的资源。这个"首页"就是该网站的默认网页。

当需要为网站建立默认网页时,主要需要完成以下两项工作。

(1)在计算机中制作一个网页文档,并将其放置在网站的主目录的根目录中。

(2)在 Web 网站上将这个网页设置为默认网页。

1.制作一个网页并将其放置在网站主目录的根目录中

目前存在多种制作网页的方法,在这里简略介绍如何使用 Microsoft Office Word 软件制作一个简单网页。具体操作步骤如下。

步骤 1:打开 Microsoft Office Word 软件,单击"文件"→"新建",然后选择"空白文档"。

步骤 2:在这个文档中输入一些文字,如图 3.61 所示。

步骤 3:单击"文件"→"另存为",这时将弹出图 3.62 所示的对话框,在此对话框的"保存位置"处指定一个网站的主目录(例如 website1),在"保存类型"中选择"网页(* . htm; * . html)",然后单击"保存"按钮。这样,就在主目录中建立了一个网页文档了。

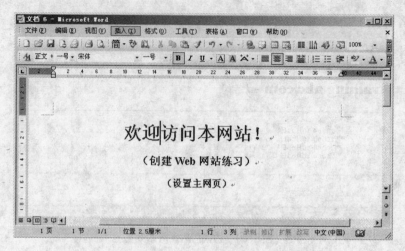

图 3.61　建立文档

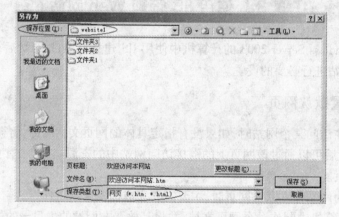

图 3.62　保存为网页文件

> 提示:默认的网页文档需要存放在网站主目录的根目录中。

2. 在 Web 网站上设置默认网页

可以按照下面的操作步骤把新建立的网页设置为 Web 网站的默认网页。

步骤 1:单击"开始"→"程序"→"管理工具"→"Internet 信息服务(IIS)管理器",打开 IIS 管理器,右键单击一个 Web 网站(如 Web 网站 1),选择"属性",打开属性对话框,选中"文档"选项卡。对话框如图 3.63 所示。在此对话框中,首先选中"启用默认内容文档"复选框,然后单击"添加"按钮,这时将弹出图 3.64 所示的对话框。

步骤 2:在图 3.64 所示的对话框中,输入主目录中新建立网页的文档名称,然后单击"确定"按钮。

图 3.63　启用默认文档

步骤 3:在图 3.65 所示的对话框中将可以看到该网页已经被添加进来了,然后选中这个网页文档,通过单击"上移"按钮,将这个文档调整到最上方,完成后,单击"确定"按钮。

这时,当用户在自己计算机上的 Web 浏览器中

图 3.64　输入默认文档的文件名称

图 3.65　调整默认文档的排列顺序

输入"http://192.168.1.1"访问这个网站时,则可以在浏览器中显示这个默认网页,如图 3.66 所示。

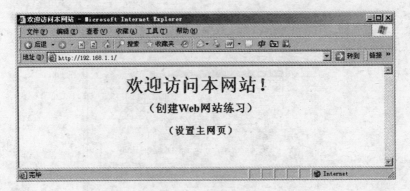

图 3.66　访问默认文档

3.3.2　创建虚拟目录

当创建一个网站时,可以把该网站的所有网页及相关文件都存放在网站的主目录中,该主目录所在的路径称为该网站的"实际目录"。而在实际使用中,特别是对于一个庞大的网站而言,网站的内容可能来自于多个目录。这些目录可能存放在本地计算机的其他文件夹中,也可能存放在其他计算机的共享文件夹中。为了能够让用户在访问网站时访问到这些文件夹中的资源,需要在本网站的主目录中建立一个"虚拟目录",然后再把存放网站资源的文件夹(为非主目录文件夹,即本地其他的文件夹或其他计算机上的共享文件夹)映射到这个"虚拟目录"上。每个虚拟目录都有一个别名,这样用户就可以通过这个虚拟目录的别名来访问与之对应的真实文件夹中的资源了。虚拟目录的好处是在不需要改变别名的情况下,可以随时改变其对应的文件夹。

下面通过一个例子来说明如何在一个网站中建立虚拟目录,并且把一些文件夹映射到这个虚拟目录中。

假设在一台计算机中已经建立了一个网站"Web 网站 2",其主目录为"E：\website2"。如果在本台计算机的文件夹"D：\Resource"中也存放了一些网站资源,如图3.67 所示,为了让用户在访问该网站时,不仅能够访问主目录"E：\website2"中的资源,而且能够访问文件夹"D：\Resource"中的资源,需要在主目录"E：\website2"中建立一个虚拟目录,并且把文件夹"D：\Resource"映射到其中。具体操作步骤如下。

步骤 1：单击"开始"→"程序"→"管理工具"→"Internet 信息服务(IIS)管理器",打开 IIS 管理器。右键单击一个 Web 网站(例如"Web 网站 2"),在快捷菜单中选择"新建"→"虚拟目录"。

步骤 2：当出现"欢迎使用虚拟目录创建向导"窗口时,单击"下一步"按钮。

步骤 3：当出现图 3.68 所示的窗口时,在"别名"文本框中输入虚拟目录的别名,例如"resource",单击"下一步"按钮。这时将弹出图 3.69 所示的对话框。

图 3.67　希望被发布的文件夹资源

步骤 4：在图 3.69 所示的对话框中，在"路径"文本框中输入虚拟目录将要指向的文件夹路径"D：\resource"，单击"下一步"按钮。这时将弹出图 3.70 所示的对话框。

步骤 5：在图 3.70 所示的对话框中，为该虚拟目录设定用户访问该目录的权限，选中"读取"和"浏览"权限，然后单击"下一步"按钮。

步骤 6：当出现"已成功完成虚拟目录创建向导"窗口时，单击"完成"按钮。这样，就为"Web 网站

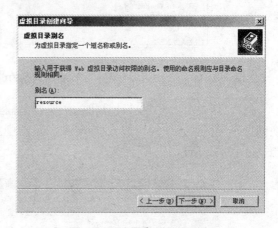

图 3.68　设置虚拟目录别名

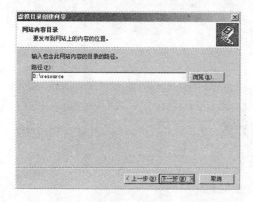

图 3.69　设置路径

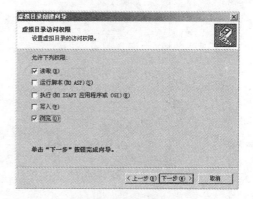

图 3.70　设置访问权限

2"建立了一个名为 Resource 的虚拟目录，而且该虚拟目录指向本地计算机中的文件

夹"D：\resource"。

　　步骤 7：创建完成后，可以在 IIS 管理控制台中看到这个虚拟文件夹，如图 3.71 所示，并且可以看到这个虚拟文件夹中的资源目录。

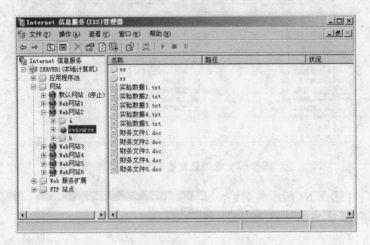

图 3.71　查看网站的虚拟目录

　　这样，用户可以在自己计算机的浏览器上输入"http://192.168.2.1/resource"来访问这个虚拟目录中的资源，这时将在浏览器中显示虚拟目录指向的文件夹中的资源，如图 3.72 所示。

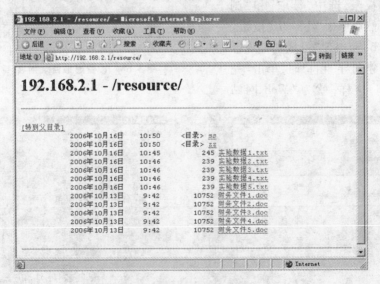

图 3.72　访问虚拟目录

3.3.3 通过设置 IP 地址限制对网站的访问

在建立好一个 Web 网站后,默认情况下,网络中的所有计算机都可以对其进行访问。不过有时为了安全起见,需要限制某些用户对该网站进行访问,例如,公司内部的 Web 网站可以设置成仅允许内部的计算机访问而拒绝外界计算机的访问。这时,管理员可以通过设置 IP 地址来允许或拒绝某台计算机、某一组计算机来访问它。

下面以"Web 网站 1"为例,来说明通过 IP 地址限制访问的设置方法。

在 IIS 管理器中右键单击"Web 网站 1",从快捷菜单中选择"属性",打开属性对话框,选中"目录安全性"选项卡,对话框如图 3.73 所示。在此对话框的"IP 地址和域名限制"区域中单击"编辑"按钮。这时将弹出图 3.74 所示的对话框。

图 3.73　限制 IP 地址和域名

在图 3.74 所示的对话框中,可以首先选择"授权访问"允许所有的计算机来访问这个网站,然后再通过单击"添加"按钮来拒绝某些计算机来访问该网站。也可以先选择"拒绝访问"拒绝所有的计算机来访问这个网站,然后再通过单击"添加"按钮设置允许某些计算机来访问该网站。

假设选择"授权访问",再单击"添加"按钮,可以通过以下 3 种方式限制访问。

•"一台计算机":利用设置 IP 地址来拒绝某台计算机访问该网站,例如在图 3.75 中拒绝 IP 地址为 192.68.1.100 的计算机访问该网站。

•"一组计算机":利用网络标识和网络掩码来拒绝某个网络内的所有计算机访问该网站。例如在图 3.76 中限制了网络 192.168.2.0 中的所有计算机访问该网站。

•"域名":利用域名拒绝某台计算机访问该网站。例如在图 3.77 中拒绝完全合格域名为 server1.a.com 的计算机访问该网站。

当用户在被拒绝的计算机上试图访问网站时,在其浏览器上将会出现图 3.78 所

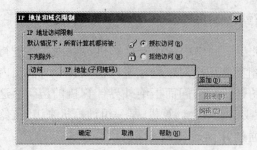

图 3.74 限制访问方式

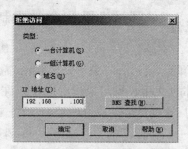

图 3.75 一台计算机

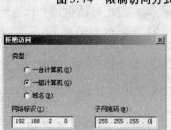

图 3.76 一组计算机

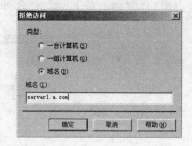

图 3.77 利用域名限制访问

示的窗口。

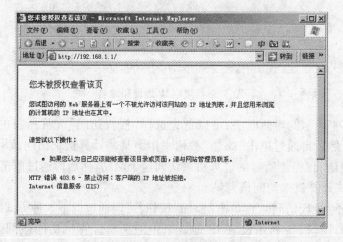

图 3.78 访问被拒绝

本章小结

（1）万维网（World Wide Web，WWW），可缩写为 W3 或 Web，是目前 Internet 上

最为流行、最受欢迎的一种信息浏览服务。

（2）WWW 通过超文本传输协议（HTTP）向用户提供多媒体信息，所提供信息的基本单位是网页，每一个网页可以包含文字、图像、动画、声音等多种信息。

（3）在 Web 服务器上建立 Web 站点，向用户提供网页资源。

（4）用户在 Web 客户机上使用 Web 浏览器浏览 Web 服务器上的信息。

（5）用户在访问 Web 资源时需要使用统一的格式进行访问，这种格式被称为"统一资源定位符（URL）"。

（6）一个 URL 的格式为"信息服务类型：//信息资源地址/文件路径"。

（7）目前建立 Web 服务器的主要方法有 IIS 和 Apache。

（8）在创建 Web 网站时，需要为其设定主目录。默认时，网站中的所有资源需要存储在主目录中。

（9）在一台计算机上同时建立多个 Web 网站的方法有：利用多个 IP 地址、利用多个 TCP 端口、利用多个主机头名称。

（10）如果希望在用户访问网站时在没有指定具体的网页文档名称时，也能为其提供一个网页，那么需要为这个网站设置一个默认网页，这个网页往往被称为"首页"。

（11）对于一个网站而言，可以把所有网页及相关文件都存放在网站的主目录中，也就是在主目录中建立子文件夹，然后把这些文件放置在这些子文件夹内，这些文件夹称为"实际目录"。

（12）为了便于对网站资源进行灵活管理，还可以把这些文件存放在本地计算机的其他文件夹中或者其他计算机的共享文件夹中，然后再把这个文件夹映射到网站主目录中的一个"虚拟目录"上。这样，用户就可以通过这个虚拟目录来访问与之对应的真实文件夹中的资源了。

（13）默认时，Web 网站允许所有计算机来访问它。不过，管理员可以允许或拒绝某台计算机、某一组计算机来访问它。

思考与训练

1. 填空题

（1）WWW 主要通过（　　　　　）协议向用户提供网页信息。

（2）默认时，Web 服务所使用的 TCP 端口为（　　　　）。

（3）用户在 Web 客户机上使用（　　　　　）浏览 Web 服务器上的信息。

（4）一个 URL 的格式为（　　　　）：//（　　　　　　）。

（5）目前建立 Web 服务器的主要方法有（　　）和（　　　　）。

（6）在创建 Web 网站时，需要为其设定（　　　　）。默认时，网站中的所有资源需要存储在里面。

（7）在配置 Web 站点时，为了使用户可以通过完全合格域名访问站点，应该在网络中配置(　　　)服务器。

（8）在一台计算机上建立多个 Web 站点的方法有(　　　　　　　　)、(　　　　　　　　)和(　　　　　　　　)。

（9）如果希望在用户访问网站时在没有指定具体的网页文档名称时，也能为其提供一个网页，那么需要为这个网站设置一个默认网页，这个网页往往被称为(　　　)。

（10）对于一个网站而言，可以把所有网页及相关文件都存放在网站的主目录中，也就是在主目录中建立子文件夹，然后把这些文件放置在这些子文件夹内，这些文件夹称为"(　　　)目录"。

（11）为了便于对网站资源进行灵活管理，还可以把这些文件存放在本地计算机的其他文件夹中或者其他计算机的共享文件夹中，然后再把这个文件夹映射到网站主目录中的一个(　　　)目录上。

2. 思考题

（1）什么是 Web 服务？

（2）WWW 是如何工作的？

（3）常用的 Web 服务器产品有哪些？

（4）在一台计算机上创建多个 Web 网站的方法有哪些？

（5）在 Web 网站上设置默认文档有什么用处？

（6）什么是虚拟目录？它的作用是什么？

（7）如何限制对 Web 网站的访问？

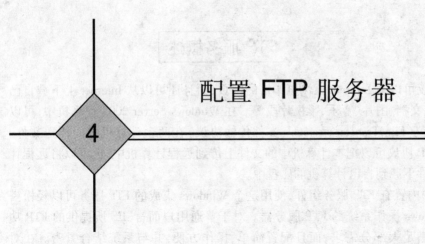

配置 FTP 服务器

4

在 Windows Server 2003 计算机中,可以通过使用 IIS 6.0 在一台计算机中创建一个或多个 FTP 服务器,为用户提供文件下载及上传功能。

📖 **本章主要内容**
- ☑ FTP 服务概述
- ☑ 使用 IIS 搭建 FTP 服务器
- ☑ 使用 IIS 管理 FTP 服务器

🔑 **本章学习要求**
- ☑ 了解 FTP 服务的概念与特点
- ☑ 掌握使用 IIS 搭建不隔离用户 FTP 站点的方法
- ☑ 掌握使用 IIS 搭建隔离用户 FTP 站点的方法
- ☑ 掌握使用 IIS 管理 FTP 服务器的方法

4.1　FTP 服务概述

用户不仅可以在 Internet 上浏览丰富的网页,而且还可以从 Internet 上下载自己需要的程序、文档、图片、音乐、影视片段等。在 Windows Server 2003 计算机中,可以利用 FTP 协议(File Transfer Protocol,文件传输协议)在两台计算机之间传送文件。用户通过 FTP 协议可以把本计算机中的文件上传到远程计算机中,也可以将远程计算机中的文件下载到自己计算机的磁盘中。

在 IIS 中内置有 FTP 服务组件,使用这个 Windows 集成的 FTP 服务可以轻松搭建基于 Windows 操作系统的 FTP 服务器。对于普通用户而言,IIS 所提供的 FTP 功能已经足够满足大部分需求,而且配置简单、操作方便,并与系统结合紧密。在对 FTP 服务器要求不太高的情况下,IIS 也是一个十分不错的选择。

4.1.1　FTP 协议简介

FTP 协议是用来在两台计算机之间传送文件的 TCP/IP 通信协议,它通过 FTP 程序(服务器程序和客户端程序)在 Internet 上实现远程文件的传输。在 Internet 中,FTP 服务是由 FTP 服务器和 FTP 客户端构成,其中 FTP 服务器是用来存放各种类型文件的文件服务器,而客户端可以使用 FTP 命令将文件上传到 FTP 服务器或从 FTP 服务器中下载文件。

Internet 中的 FTP 服务器又可以分为专用 FTP 服务器和匿名 FTP 服务器。对于专用 FTP 服务器,当用户对其进行访问时,需要提供正确的用户名和密码,才能获得访问权限,否则将无法访问。因此专用 FTP 服务器仅为特定用户提供资源,用户要想成为它的合法用户,必须经过该服务器管理员的允许,由管理员为用户分配一个用户账户和密码,然后用户使用这个用户账户和密码访问服务器。另外,在 Internet 上也存在着很多匿名 FTP 服务器,用户在访问这些服务器时不需要提供用户账户和密码。但为了安全起见,匿名服务器通常只允许用户下载文件,而不允许用户上传文件。

4.1.2　利用 FTP 协议下载文件的方法

目前,用户通常可以通过以下两种方法从 Internet 中下载文件。
- 使用浏览器直接从网页或 FTP 服务器下载。
- 使用 FTP 软件下载。

1. 使用浏览器直接从网页或 FTP 服务器下载

使用浏览器直接从网页或 FTP 服务器下载就是指用户在本地计算机中直接用浏览器内嵌的 FTP 功能进行下载。其缺点是下载速度较慢,而且一旦断线将前功尽弃。

1)从网页下载

用户可以按照下面的操作步骤直接从浏览器的网页中下载自己需要的文件。

步骤1：如图4.1所示,用户可以在自己计算机浏览器显示的网页中,右键单击希望下载的链接,并在快捷菜单中选择"目标另存为"。

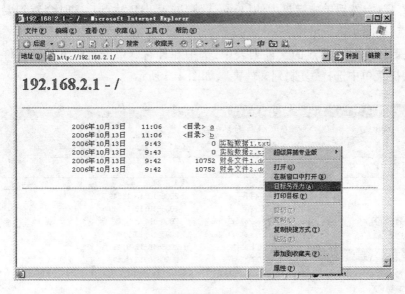

图4.1 利用浏览器直接下载文件

步骤2：这时将会出现"文件下载"对话框和"另存为"对话框,如图4.2所示。

图4.2 选择存放位置

步骤3：在图4.2所示的对话框中,在"保存在"文本框中指定保存该文件内容的路径,并在"文件名"中输入保存该链接内容的文件名,然后单击"保存"按钮即可。

2) 从 FTP 服务器下载

如果用户知道存放所要下载文件的 FTP 服务器名称以及文件的存放位置，那么可以通过在本地计算机的浏览器中直接访问 FTP 站点来下载文件。具体步骤如下。

步骤 1：在浏览器的地址栏中输入希望访问的 FTP 站点的 URL 地址，例如 ftp://192.168.1.1。然后单击键盘中的【Enter】键，进入 FTP 站点。这时会看到要访问的 FTP 站点，如图 4.3 所示。

步骤 2：在 FTP 站点的文件列表中，选中并且右键单击希望下载的文件夹或文件，在快捷菜单中选择"复制到文件夹"，如图 4.3 所示。

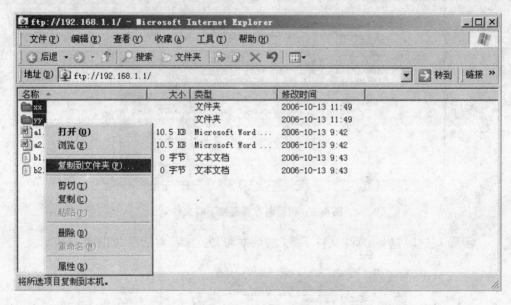

图 4.3　复制到文件夹

步骤 3：然后选择一个本地文件夹如图 4.2 所示，再单击"保存"按钮即可。

2. 使用 FTP 客户端软件下载

目前存在多种 FTP 客户端软件，这些软件都提供了图形化的用户界面，不仅下载速度快，而且提供断点续传功能。也就是说，当用户使用这些软件从 Internet 上下载文件时，即使遇上断线，也不用着急，当再次连接到 Internet 上后，对于没有下载完成的文件，可以从断点处继续下载，而无需从头下载。

目前，CuteFTP 是一个非常受用户欢迎的 FTP 客户端软件，下面以 CuteFTP Pro 3.0 为例介绍如何使用 FTP 客户端软件从 FTP 服务器中下载文件。

首先用户需要在本地计算机中安装 CuteFTP Pro 3.0 软件，安装完成后，就可以使用该软件按照下面的操作步骤下载文件了。

步骤 1：单击"开始"→"程序"→"GlobalSCAPE"→"CuteFTP Pro"→"CuteFTP

Pro",打开 CuteFTP Pro 3.0 软件的主窗口(如图4.4所示)。

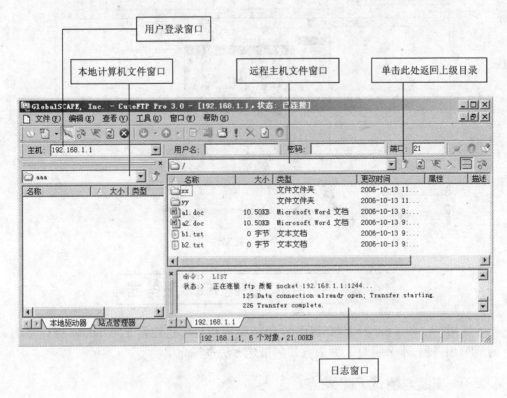

图 4.4　CuteFTP Pro 3.0 软件的主窗口

　　步骤2:在图4.4所示的窗口中输入以下几项内容。

　　•在"主机"文本框中输入要访问的 FTP 服务器的 IP 地址或完全合格域名。

　　•在"用户名"和"密码"处输入 FTP 服务器为用户提供的用户名和密码(如果是匿名用户则不用提供)。

　　•在"端口"处输入 FTP 网站所使用的端口号(默认:21)。

　　•在"本地计算机文件窗口"中选择一个准备存放下载文件的地点。

　　•在"远程主机文件窗口"中选中所连 FTP 服务器中希望下载的文件夹或文件。

　　步骤3:右键单击希望下载的文件夹或文件后,在快捷菜单中单击"下载",如图4.5所示,即可把 FTP 服务器的文件下载到本地计算机的指定路径中。

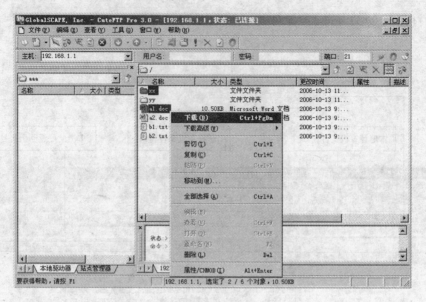

图 4.5　下载文件

4.2　使用 IIS 搭建 FTP 服务器

使用 Windows Server 2003 提供的 IIS 6.0 可以轻松搭建基于 Windows 操作系统的 FTP 服务器,本节将对 FTP 服务器的搭建方法进行介绍。

4.2.1　安装与测试 FTP 站点

1. 利用 IIS 安装 FTP 服务

可以按照下面的操作步骤,在一台 IP 地址为 192.168.1.1 的 Windows Server 2003 计算机中利用 IIS 安装 FTP 服务。

步骤 1: 单击"开始"→"设置"→"控制面板"→"添加或删除程序",弹出图 4.6 所示的对话框,在此对话框中选择"添加/删除 Windows 组件",弹出图 4.7 所示的窗口。

步骤 2: 在图 4.7 所示的对话框中,选择"应用程序服务器"复选框,单击"详细信息"按钮。这时将弹出图 4.8 所示的对话框。

步骤 3: 在图 4.8 所示的对话框中选择"Internet 信息服务(IIS)"复选框,单击"详细信息"按钮。这时将弹出图 4.9 所示的对话框。

步骤 4: 在图 4.9 所示的对话框中,选择"文件传输协议(FTP)服务",单击"确定"按钮。

步骤 5: 这时将返回到图 4.8 所示的对话框,单击"确定"按钮,并在后面出现的对话框中依次单击"下一步"按钮和"完成"按钮。

图 4.6 选择"添加/删除 Windows 组件"

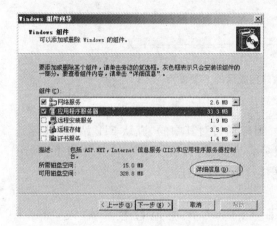

图 4.7 选择"应用程序服务器"

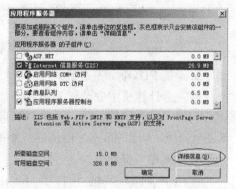

图 4.8 选择"Internet 信息服务(IIS)"

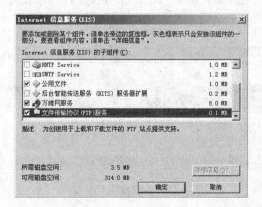

图 4.9 选择"文件传输协议(FTP)服务"

通过以上步骤，就可以在计算机中安装好 FTP 服务了。安装完成后，可以使用"IIS 管理器"来建立和管理 FTP 站点。启动"IIS 管理器"的方法如下。

单击"开始"→"程序"→"管理工具"→"Internet 信息服务(IIS)管理器"，即可打开图 4.10 所示的"IIS 管理器"窗口。

在此窗口中可以看到，在安装 FTP 服务的过程中系统已经自动建立了一个 FTP 站点，它的名称为"默认 FTP 站点"。

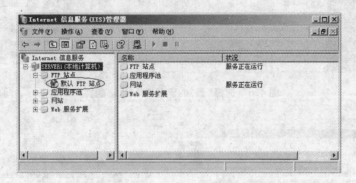

图 4.10   查看创建完成后的 FTP 站点

2. 测试 FTP 服务是否成功安装

在一台计算机中安装好 FTP 服务后，可以通过对其中的"默认 FTP 站点"进行测试，以判断是否已经成功安装好 FTP 服务。为此，可以在另外一台计算机上，利用 Web 浏览器(例如 Internet Explorer)来连接这个 FTP 站点。

具体操作步骤如下。

在用户的计算机中打开 Internet Explorer，并在地址栏中输入" ftp://192.168.1.1"。如果连接成功，则会出现图 4.11 所示的窗口。从该窗口中可以看出，在此情况下，系统是自动利用匿名账户来连接 FTP 站点的。由于目前 FTP 服务器的"默认 FTP 站点"中没有存储文件，所以画面中看不到任何文件。

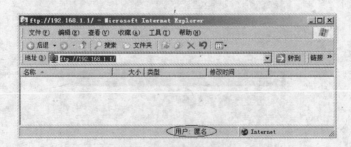

图 4.11   访问默认 FTP 站点

如果不能成功连接到这个新建立的 FTP 站点，则需要在 IIS 管理器中检查该 FTP 站点是否正处于"正在运行"的状态，如图 4.12 所示。

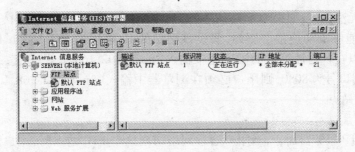

图 4.12　检查默认 FTP 站点的状态

如果该网站处于"停止"状态,那么需要右键单击"默认 FTP 站点",然后从快捷菜单中选择"启动"来激活它。

4.2.2　FTP 站点的基本设置

在安装 FTP 服务的过程中,系统会自动建立一个"默认 FTP 站点"。用户既可以直接使用这个网站作为自己的 FTP 站点,也可以创建新的 FTP 站点。本节将利用这个"默认 FTP 站点"来说明 FTP 站点的一些基本设置信息。

1. 网站标识

在建立一个 FTP 站点时,需要对该 FTP 站点设置一些基本的标识信息。可以按照下面的方法对 FTP 站点的网站标识进行设置。

在图 4.10 所示的窗口中,右键单击"默认 FTP 站点",从快捷菜单中选择"属性",打开属性对话框,选中"FTP 站点"选项卡,对话框如图 4.13 所示。可以在此对话框中对该"默认 FTP 站点"的网站标识的以下项目进行设置。

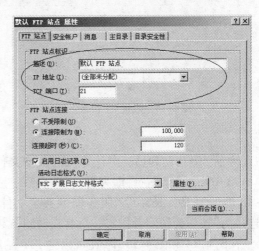

图 4.13　FTP 站点的标识信息

• "描述":用来对这个网站进行说明。

• "IP 地址":在此处的下拉列表中给出了该计算机中所有的 IP 地址,可以从中选择一个 IP 地址分配给本 FTP 站点,如果选择"全部未分配"则意味着可以使用该计算机上任何一个尚未分配给其他站点的 IP 地址来访问该网站。

• "TCP 端口":指定运行 FTP 服务的 TCP 端口,默认端口号为 21。该项必须设定,不能为空。如果此端口号不为 21,则用户连接该 FTP 站点时,必须指定对应的端口号,否则无法连接;如果 TCP 端口号是 21,则用户连接该 FTP 站点时,可以不指定端口号,也能够成功连接。例如,假设该网站的 IP 地址为 192. 168. 1. 1,端口号为 21,用户可以在自己计算机的浏览器中输入"ftp://192. 168. 1. 1"来连接该站点;但如果 TCP 端口号为 8080,则用户必须在浏览器中输入"ftp://192. 168. 1. 1:8080"才可以连接该站点。

2. 主目录

对于 FTP 服务器而言,当用户通过网络访问这个 FTP 站点时,用户计算机将直接连接到该站点的"主目录"上,在用户的浏览器中显示的即为该站点主目录中的文件。因此,每个 FTP 站点都需要有自己的主目录,在创建 FTP 站点时必须为其指定主目录。

可以按照下面的操作步骤对 FTP 站点的主目录进行设置。

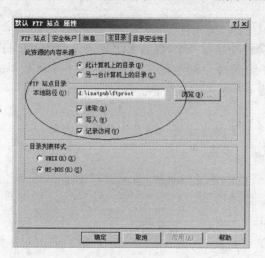

图 4.14 设置"主目录"

打开"默认 FTP 站点属性"对话框,选中"主目录"选项卡,如图 4.14 所示。在此对话框中可以把该"默认 FTP 网站"的主目录设置为以下两种形式之一。

• "此计算机上的目录":表示把站点的主要资源保存在该 FTP 服务器所在计算机本地磁盘上的一个目录中。系统默认把站点的资源存放在"d:\inetpub\ftproot"文件夹中(假设 Windows Server 2003 安装在 d:盘上),如图 4.14 中"本地路径"所示。管理员可以对"本地路径"中的路径进行设置。

• "另一台计算机上的目录":把站点的主目录指定到另一台计算机的共享文件夹,如图 4.15 所示"网络目录"中的"\\192. 168. 1. 2\ftproot"即为目前该站点的主目录,表示该站点的主要资源都存放在 IP 地址为 192. 168. 1. 2 服务器的共享文件夹 ftproot 中。另外,管理员可以单击"连接为"按钮为访问者指定一个有权访问该共享文件夹的用户账户和密码。

在图 4.14 和图 4.15 中,还可以为 FTP 站点设置用户的如下访问权限。

• "读取":用户可以读取主目录内的文件。例如可以下载文件。

• "写入":用户可以在主目录中添加、修改文件。例如可以上传文件。

• "记录访问":将连接到该 FTP 站点的行为记录到日志文件中,供管理员查看。

3. 站点的消息设置

可以按照下面的方法为 FTP 站点设置与用户通信的消息。

打开"默认 FTP 站点属性"对话框,选中"消息"选项卡,如图 4.16 所示。可以在此对话框中为该站点的以下消息项目进行设置。

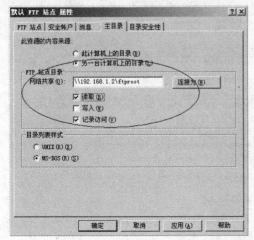
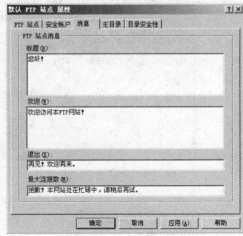

图 4.15 把主目录指定到另一台计算机   图 4.16 设置"消息"
        的共享文件夹

- "标题"：当用户连接 FTP 站点时，首先会看到设置在"标题"中的文字。
- "欢迎"：当用户登录到 FTP 站点时，会看到此消息。
- "退出"：当用户注销 FTP 站点时，会看到此消息。
- "最大连接数"：如果 FTP 站点有连接数目的限制，而且目前连接的数目已达到此数目时，当用户连接该站点时会看到此消息。

为 FTP 站点设置好"消息"后，当用户连接该站点时，将会看到这些消息。例如，当用户使用 CuteFTP Pro3.0 软件连接图 4.16 显示的 FTP 站点后，将会在日志窗口中看到在图 4.16 中设置的"消息"，如图 4.17 所示。

4. 验证用户的身份

管理员可以为 FTP 站点设置验证连接该站点的用户身份的方式。下面以图 4.10 所示的"默认 FTP 站点"为例，来说明管理员如何设置验证用户身份的方式。具体操作过程如下。

在"默认 FTP 站点属性"对话框中选择"安全账户"选项卡，如图 4.18 所示。可以在此对话框中设置验证用户身份的方式。

选中"允许匿名访问"复选框，表示用户连接该 FTP 站点时不需提供用户名和密码。虽然用户在访问该站点时没有提供任何用户名和密码，不过在安装 IIS 时系统会自动创建一个用户账户"IUSR_计算机名称"，并默认用此账户来代表匿名连接的用户。例如，如果安装 IIS 的计算机的名称为"SERVER1"，那么这个默认账户名称为"IUSR_SERVER1"，如图 4.18 所示。这说明，当用户以匿名方式访问站点时，系统认为他是以这个用户账户的身份访问站点上的文件。显然，这个账户所具有的访问权限就是该匿名用户所具有的访问权限。这样，站点管理员通过给这个用户账户分

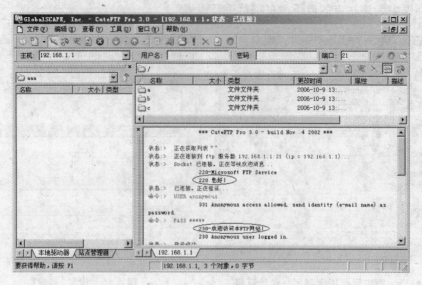

图 4.17　测试

配一定的访问权限就能够对用户的匿名访问进行控制了。管理员也可以在图 4.18 所示对话框中的"用户名"和"密码"中指定一个供匿名用户使用的用户账户及其密码。

此外,如果在图 4.18 中选中"只允许匿名连接"复选框,那么所有用户都必须利用这个用于匿名访问的用户账户来登录该 FTP 站点,不可以使用正式的用户账户和密码。

5. 检查当前连接的用户

管理员可以在 FTP 服务器中查看当前连接到该服务器的用户。操作方法如下。

在"默认 FTP 站点属性"对话框中选中"FTP 站点"选项卡,如图 4.19 所示。

图 4.18　选择"安全账户"

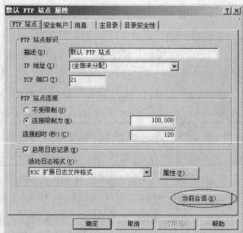

图 4.19　选择"当前会话"

在图 4.19 所示的对话框中,单击"当前会话"按钮,将弹出图 4.20 所示的对话框,可以在此对话框中查看当前连接到该 FTP 站点的用户信息;还可以通过单击"断开"按钮来终止某个用户的访问,或者单击"全部断开"按钮来中断所有用户的连接。

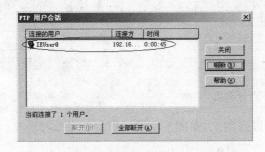

图 4.20　检查当前连接的用户

6. 通过 IP 地址来限制访问

建立好 FTP 服务器之后,管理员可以通过对访问用户使用的 IP 地址进行设置,以限制用户对该 FTP 站点中资源的访问。下面以"默认 FTP 站点"为例说明通过 IP 地址限制访问的设置方法。

在"默认 FTP 站点属性"对话框中选择"目录安全性"选项卡,如图 4.21 所示。

在图 4.21 所示的对话框中,可以先选择"授权访问"复选框允许所有的计算机来访问这个站点,然后再通过单击"添加"按钮来拒绝某些计算机来访问该站点。也可以先选择"拒绝访问"复选框拒绝所有的计算机来访问这个站点,然后再通过单击"添加"按钮设置允许某些计算机来访问该站点。

假设选择"授权访问",然后再单击"添加"按钮,这里可以通过以下两种方式限制访问。

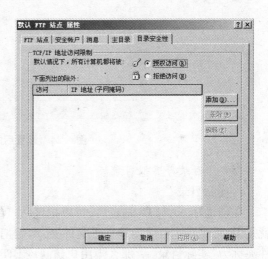

图 4.21　限制访问

• "一台计算机":利用 IP 地址来拒绝某台计算机访问该 FTP 站点,例如在图 4.22 中拒绝 IP 地址为 192.168.1.100 的计算机访问。

• "一组计算机":利用"网络标识"和"网络掩码"来拒绝某个网络内的所有计算机访问该 FTP 站点。例如在图 4.23 中限制了网络 192.168.2.0 中的所有计算机访问。

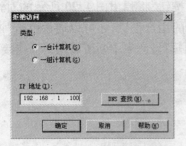

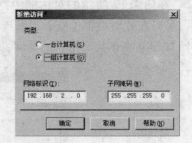

图 4.22　限制一台计算机　　　　　　　　　图 4.23　限制一组计算机

设置完成后,可以在图 4.24 所示的对话框中查看设置情况。

图 4.24　设置后的画面

7. 实际目录与虚拟目录

1)实际目录

在创建好一个 FTP 站点后,可以把该站点的所有文件都存放在其主目录中。也就是说,首先在主目录中建立子文件夹,然后把文件存储在这些子文件夹内,这些文件夹称为"实际目录"。那么当用户访问该 FTP 站点时,则会看到该"实际目录"中的资源。

例如,在"默认 FTP 站点"的主目录下创建一个文件夹"test",如图 4.25 所示。这时,当用户连接到该"默认 FTP 站点"后,便能够看到这个文件夹中的资源,并且可以对这些资源进行访问,如图 4.26 所示。

2)虚拟目录

在实际使用中,为了便于对 FTP 站点资源的灵活管理,网站的内容可能来自于多个目录。这些目录可能存放在本地计算机的其他文件夹中,也可能存放在其他计算机的共享文件夹中。当用户在访问网站时,为了能够让用户访问到这些文件夹中

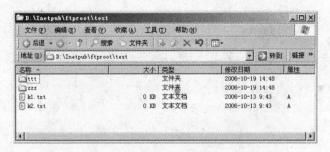

图 4.25 实际目录

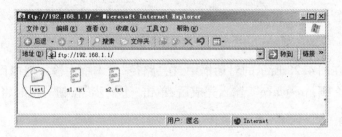

图 4.26 访问实际目录

的资源,则需要在本 FTP 站点的主目录中建立一个"虚拟目录",然后再把存放网站资源的文件夹(为非主目录文件夹,即本地其他文件夹或其他计算机上的共享文件夹)映射到这个"虚拟目录"上。每个虚拟目录都有一个别名,这样用户就可以通过这个虚拟目录的别名来访问与之对应的真实文件夹中的资源了。虚拟目录的好处是在不需要改变别名的情况下,可以随时改变其对应的文件夹。

下面通过一个例子来说明如何在一个 FTP 站点的主目录中建立虚拟目录,并且把一些文件夹映射到这个虚拟目录中。

假设计算机中已经存在一个"默认 FTP 站点",其主目录为"D：\Inetpub\ftproot"。如果在本台计算机的文件夹"E：\Resource"中也存放了一些网站资源,为了让用户在访问该网站时,不仅能够访问主目录"D：\Inetpub\ftproot"中的资源,而且能够访问文件夹"E：\Resource"中的资源,就需要在主目录"D：\Inetpub\ftproot"中建立一个虚拟目录,并且把文件夹"E：\Resource"映射到这个虚拟目录中。具体操作步骤如下。

步骤1:单击"开始"→"程序"→"管理工具"→"Internet 信息服务(IIS)管理器",在打开的窗口中右键单击"默认 FTP 站点",从快捷菜单中选择"新建"→"虚拟目录"。

步骤2:当出现"欢迎使用虚拟目录创建向导"画面时,单击"下一步"按钮。

步骤3:当出现图 4.27 所示的窗口时,在"别名"文本框中为虚拟目录设置一个别名,如"resource",然后单击"下一步"按钮。这时将弹出图 4.28 所示的对话框。

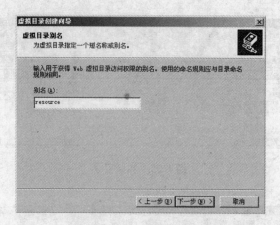

图 4.27   设置虚拟目录别名

步骤 4:在图 4.28 所示的对话框中,在"路径"文本框中输入虚拟目录将要指向的文件夹路径"E:\resource",输入完成后,单击"下一步"按钮。这时将弹出图 4.29 所示的对话框。

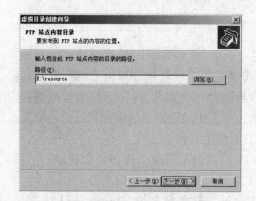

图 4.28   设置虚拟目录指向的路径

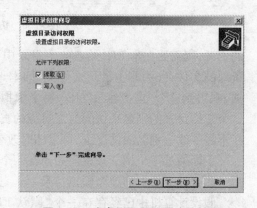

图 4.29   为虚拟目录设置访问权限

步骤 5:在图 4.29 所示的对话框中,为该虚拟目录设定用户访问该目录的权限,选中"读取"权限,然后单击"下一步"按钮。

步骤 6:当出现"已成功完成虚拟目录创建向导"画面时,单击"完成"按钮。这样,就为"默认 FTP 站点"建立了一个名为 resource 的虚拟目录,而且该虚拟目录指向本地计算机中的文件夹"E:\resource"。

步骤 7:创建完成后,可以在 IIS 管理控制台中看到这个虚拟文件夹,如图 4.30 所示。如果想查看该虚拟目录内的资源,则右键单击这个虚拟目录,然后在快捷菜单中选择"浏览"选项,即可在窗口右侧看到其中的内容。

这样,用户可以在自己计算机的浏览器上输入"http://192.168.2.1/resource"来访问这个虚拟目录中的资源,这时将在浏览器中显示虚拟目录指向的文件夹中的资

图 4.30　查看虚拟目录

源，如图 4.31 所示。

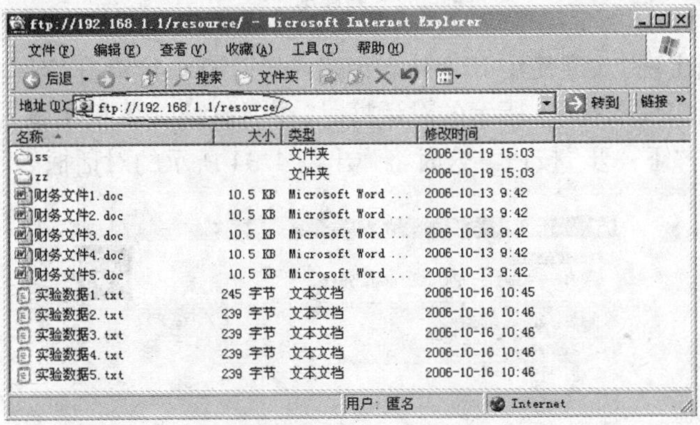

图 4.31　访问虚拟目录

4.2.3　利用 IIS 创建 FTP 站点

利用 IIS 可以在一台计算机上建立一个或多个 FTP 网站，本节主要介绍如何在一台计算机上建立一个 FTP 站点。如果需要在一台计算机中利用 IIS 创建多个 FTP 站点，那么可以利用不同的 IP 地址与 TCP 端口号来区别不同 FTP 站点，创建方法与第 3 章介绍的在一台计算机上创建多个 Web 网站的方法基本相同，因此在本章不对其进行详细描述。如果需要，请读者参考第 3 章的相关内容。

在建立新 FTP 站点之前，为了避免发生冲突，最好先停止目前处于"正在运行"状态的"默认 FTP 站点"。操作方法为：在图 4.10 所示的对话框中，右键单击"默认网站"，在快捷菜单中选择"停止"即可。

下面，将在 IP 地址为 192.168.1.1 的计算机上建立一个 FTP 站点，具体操作步骤如下。

步骤 1：单击"开始"→"程序"→"管理工具"→"Internet 信息服务（IIS）管理

器",打开图4.32所示的窗口。在此窗口中,右键单击"FTP 站点",在快捷菜单中选择"新建"→"FTP 站点"。

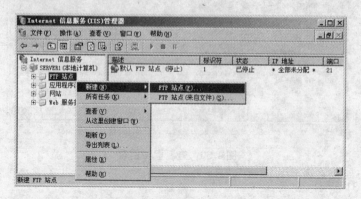

图4.32　新建 FTP 站点

步骤2:当出现"欢迎使用 FTP 站点创建向导"窗口时,单击"下一步"按钮。

步骤3:当出现图4.33所示的对话框时,在"描述"文本框中输入该网站的描述文字,然后单击"下一步"按钮。这时将弹出图4.34所示的对话框。

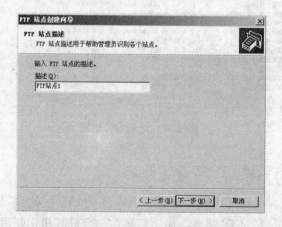

图4.33　设置"FTP 站点描述"

步骤4:在图4.34所示的对话框中,在"输入此 FTP 站点使用的 IP 地址"处选定这个站点使用的 IP 地址,在"输入此 FTP 站点的 TCP 端口(默认 =21)"处设置这个站点使用的 TCP 端口号,然后单击"下一步"按钮。这时将弹出图4.35所示的对话框。

提示:如果在这台计算机上已经建立了 FTP 站点,那么一定要保证新建立的 FTP 站点不要与已有 FTP 站点所使用的 IP 地址和 TCP 端口号二者都相同。

步骤5:在图4.35所示的对话框中,可以选择是否对用户进行隔离。FTP 用户隔

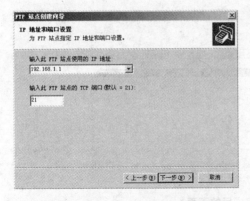

图 4.34 设置 IP 地址和 TCP 端口号

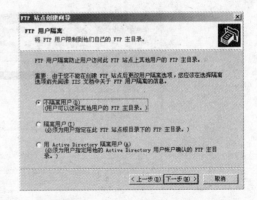

图 4.35 选择"不隔离用户"

离是指将用户限制在自己的目录中以防止用户查看或覆盖其他用户的内容,默认状态为不隔离用户。在此选择"不隔离用户",然后单击"下一步"按钮。这时将出现图 4.36 所示的对话框。

步骤 6：在图 4.36 所示的对话框中,在"路径"文本框中指定这个 FTP 站点的主目录所在的路径。此路径可以是本台计算机硬盘上的一个文件夹,也可以是一台远程计算机上的共享文件夹,然后单击"下一步"按钮。

步骤 7：在图 4.37 所示的对话框中,为该 FTP 站点设置用户访问权限。若希望为用户提供下载文件的功能,则选中"读取"复选框;若希望为用户提供上传文件的功能,则选中"写入"复选框。完成后,单击"下一步"按钮。

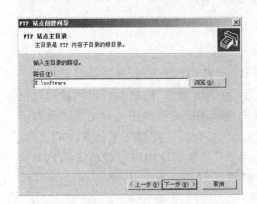

图 4.36 输入主目录的路径

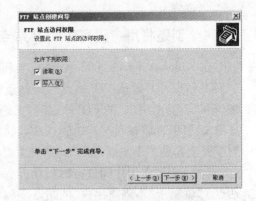

图 4.37 设置用户访问权限

步骤 8：当出现"已成功完成 FTP 站点创建向导"窗口时,单击"完成"按钮。

这时可以在图 4.38 所示的窗口中看到,已经在"IIS 管理器"中新创建了一个名为"FTP 站点 1"的 FTP 站点。

当用户需要访问这个 FTP 站点时,可以在自己计算机的浏览器中输入"ftp://192.168.1.1",会在浏览器中看到图 4.39 所示的画面,这表示用户已经成功连接到

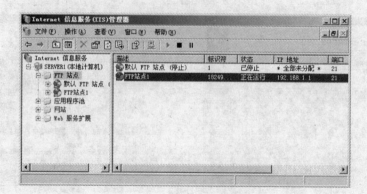

图 4.38 创建完成后的画面

该站点上了。

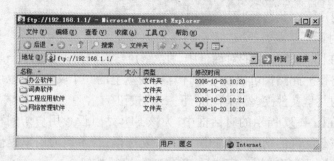

图 4.39 成功连接 FTP 站点

4.2.4 创建将用户隔离的 FTP 站点

在 Windows Server 2003 系统中,当利用 IIS 安装 FTP 服务时,系统会自动创建一个 FTP 站点,即"默认 FTP 站点",该站点属于"不隔离用户"的站点。当用户通过网络访问"不隔离用户"的 FTP 站点时,无论他们是利用匿名账户还是利用正式账户的身份来访问,都将被直接转向到该站点的主目录中,允许访问整个主目录中的文件。为了安全起见,"不隔离用户"的站点主要适用于只提供共享内容下载功能的 FTP 站点,或者不需要在用户间进行数据访问保护的 FTP 站点。在图 4.38 中创建的"FTP 站点 1"就属于"不隔离用户"的站点。

在 Windows Server 2003 的 IIS 6.0 中增添了"FTP 用户隔离"的功能,它可以让每一个用户都拥有各自专用的文件夹。当用户登录 FTP 站点时,会被导向到其所属的文件夹,用户只能访问自己所属文件夹中的内容,而不能访问其他用户所属的文件夹。

在创建"FTP 用户隔离"的 FTP 站点时,管理员需要完成以下工作。

(1)在 FTP 服务器上,为希望访问该站点的每个用户创建一个本机用户账户,例如 john、david。

　　(2)在 FTP 站点主目录(例如 E：\ftptest)内创建一个子文件夹,名称为"localuser"。利用这个文件夹来存放每个用户的专用文件夹。

　　(3)在文件夹"E：\ftptest\localuser"内为每一个用户分别创建一个专用的子文件夹,而且子文件夹的名称必须与用户的登录账户的名称相同,这个子文件夹就是该用户的主目录。例如对于用户账户 john,其专用子文件夹的路径应为"E：\ftptest\localuser\john"。当用户 john 访问此 FTP 站点时,系统将自动将用户导向到该用户的主目录内,即"E：\ftptest\localuser\john",而且该用户无权访问其他用户的主目录。

　　(4)必须在创建 FTP 站点的过程中启用"FTP 用户隔离"功能,因为 FTP 站点一旦创建完成后,则不能再对其进行修改。

　　下面将通过一个例子来说明如何创建一个隔离用户的 FTP 站点,假设此站点的设置如表4.1所示。

表 4.1　FTP 站点的设置

FTP 站点的标识名称	IP 地址	端口号	主目录
"FTP 站点 2(隔离用户)"	192.168.1.1	21	E：\ftptest

　　(1)在 FTP 服务器上创建本机用户账户。

　　假设有两个用户需要访问这个 FTP 站点,因此需要在 FTP 服务器上分别为他们建立本机用户账户。具体操作过程如下。

　　右键单击"我的电脑",从快捷菜单中选择"管理",弹出图4.40所示的窗口,在此窗口中选中"本地用户和组"→"用户",右击,从快捷菜单中选择"新用户"。在此要创建两个用户账户,分别为 john 和 david。创建完成后,可以在图4.41所示的窗口中看到这两个用户账户。

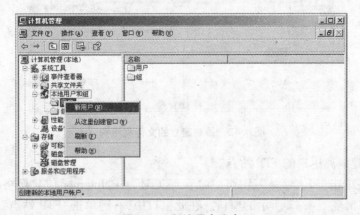

图 4.40　新建用户账户

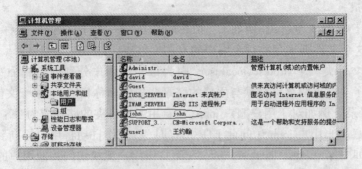

图 4.41　查看新创建的用户账户

（2）在 FTP 服务器上建立主目录。

首先在 FTP 服务器的 E：盘上，创建一个名称为 ftptest 的文件夹，该文件夹作为新 FTP 站点的主目录。然后，在路径"E：\ftptest"中建立一个名称为 localuser 的子文件夹，再在子文件夹"E：\ftptest\localuser"中为每个用户建立一个与用户账户名称相同的专用文件夹，该专用文件夹即为对应用户账户的主目录，如表 4.2 所示。图4.42所示的是在 FTP 服务器上针对表 4.2 中两个用户账户创建完成后的主目录。

表 4.2　文件夹的结构

用户	文件夹
本机用户账户 john	E：\ftptest\localuser\john
本机用户账户 david	E：\ftptest\localuser\david

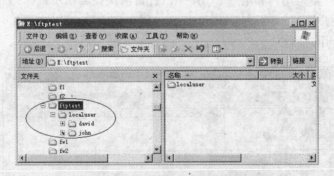

图 4.42　最终建立的文件夹结构

（3）创建隔离用户的 FTP 站点。

步骤 1：单击"开始"→"程序"→"管理工具"→"Internet 信息服务（IIS）管理器"，这时将出现图 4.43 所示的窗口。在此窗口中，右键单击"FTP 站点"，从快捷菜单中选择"新建"→"FTP 站点"。

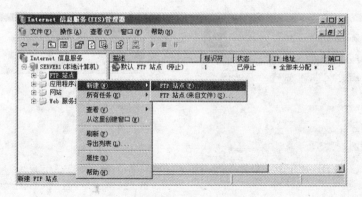

图 4.43   新建 FTP 站点

步骤 2：当出现"欢迎使用 FTP 站点创建向导"窗口时，单击"下一步"按钮。

步骤 3：当出现图 4.44 所示的对话框时，在"描述"文本框中输入该网站的描述文字，然后单击"下一步"按钮。这时将弹出图 4.45 所示的对话框。

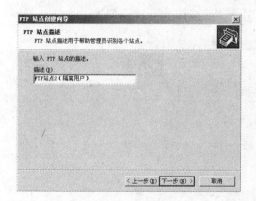

图 4.44   设置 FTP 站点描述

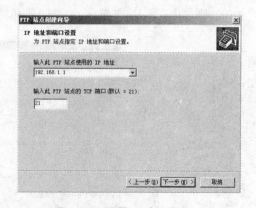

图 4.45   设置 IP 地址和端口

步骤 4：在图 4.45 所示的对话框中，在"输入此 FTP 站点使用的 IP 地址"处选定这个站点使用的 IP 地址"192.168.1.1"，在"输入此 FTP 站点的 TCP 端口（默认 = 21）"处设置这个站点使用的 TCP 端口号"21"，然后单击"下一步"按钮。

> **提示**：如果在这台计算机上已经建立了 FTP 站点，那么一定要保证新建立的 FTP 站点不要与已有 FTP 站点所使用的 IP 地址和 TCP 端口号完全相同。

步骤 5：在图 4.46 所示的对话框中选中"隔离用户"，然后单击"下一步"按钮。这时将出现图 4.47 所示的对话框。

步骤 6：在图 4.47 所示的对话框中，需要在"路径"文本框中指定这个 FTP 站点的主目录所在的路径。此路径可以是本台计算机硬盘上的一个文件夹，也可以是一台远程计算机上的共享文件夹。在此，输入"E:\ftptest"，单击"下一步"按钮。这时

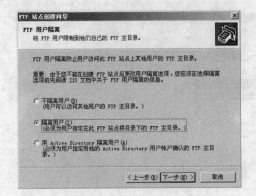

图 4.46　选择"隔离用户"

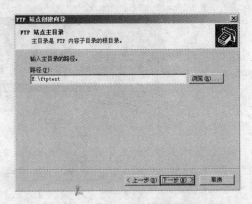

图 4.47　输入主目录的路径

将出现图 4.48 所示的对话框。

　　步骤 7：在图 4.48 所示的对话框中，为该 FTP 站点设置用户访问权限。若希望为用户提供下载文件的功能，则选中"读取"复选框；若希望为用户提供上传文件的功能，则选中"写入"复选框。完成后，单击"下一步"按钮。

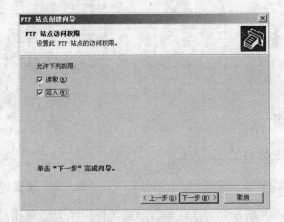

图 4.48　设置访问权限

　　步骤 8：当出现"已成功完成 FTP 站点创建向导"窗口时，单击"完成"按钮。

　　这时可以在图 4.49 所示的窗口中看到，已经新创建了一个名为"FTP 站点 2(隔离用户)"的 FTP 站点。

　　当用户 john 访问这个 FTP 站点时，可以在自己计算机的浏览器上输入"ftp://192.168.1.1"，弹出图 4.50 所示的对话框。在此对话框的"用户名"文本框中输入"john"，然后在"密码"中输入 john 的密码，最后单击"登录"按钮。这时将会在浏览器中看到图 4.51 所示的画面，这表示用户 john 已经成功连接到该站点上属于自己的文件夹了。

　　同样，当用户 david 希望访问这个 FTP 站点时，可以在自己计算机的浏览器上输

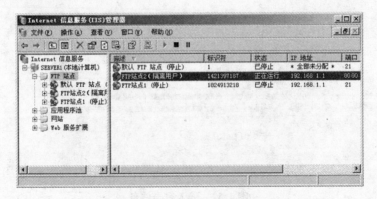

图 4.49　创建完成后的画面

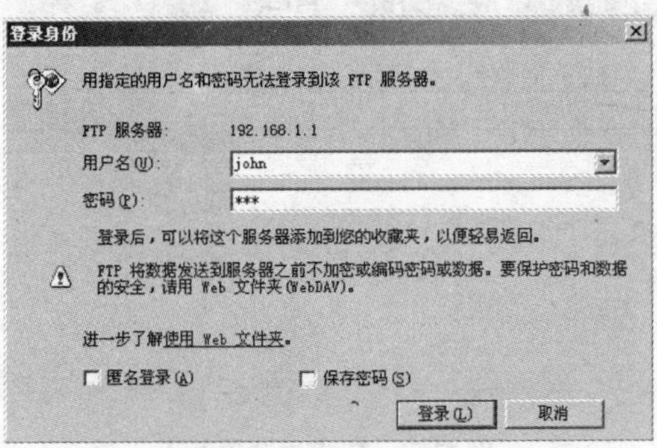

图 4.50　输入登录信息

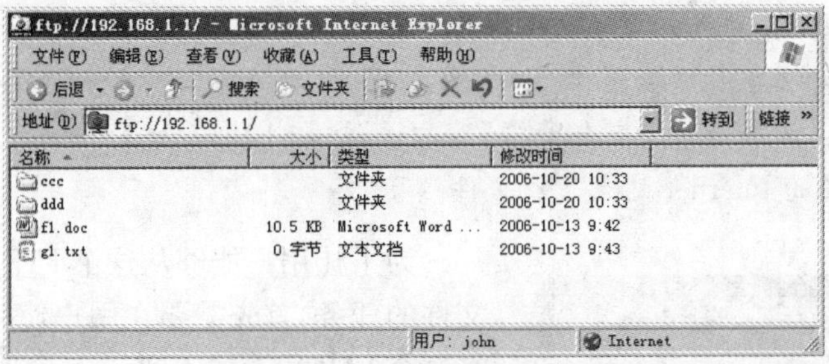

图 4.51　连接成功的画面

入"ftp://192.168.1.1"，出现图 4.52 所示的对话框。在此对话框的"用户名"文本框中输入"david"，然后在"密码"中输入 david 的密码，最后单击"登录"按钮。这时将会在浏览器中看到图 4.53 所示的画面，这表示用户 david 已经成功连接到该站点上属于自己的文件夹了。

　　从图 4.51 和图 4.53 所示的窗口可以看出，不同的用户连接该隔离用户 FTP 站

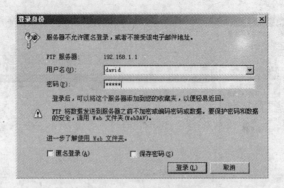

图 4.52   输入登录信息

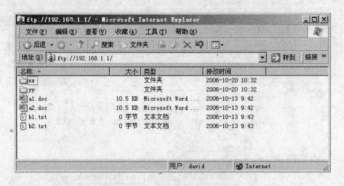

图 4.53   连接成功的画面

点时,只能访问属于该用户的专用文件夹。

> 提示:由于在 Internet Explorer 中系统默认启动了"Internet Explorer 增强的安全配置"选项,所以当用户在图 4.51 或图 4.53 所示的窗口中执行下载文件任务时,会出现如图 4.54 所示的"安全警报"窗口。这表明 Internet Explorer 不允许用户从这个未被信任的 Internet 站点下载文件。

图 4.54   不允许下载文件

为了让用户能够从这个 FTP 站点执行下载文件的任务,首先需要在用户使用的计算机中,将这个 FTP 站点加入到 Internet Explorer 被信任的 Internet 站点中。具体操作步骤如下。

步骤 1:打开 Internet Explorer,选择"工具"→"Internet 选项",如图 4.55 所示。这时将弹出图 4.56 所示的对话框。

步骤 2:在图 4.56 所示的"Internet 选项"对话框中,选择"安全"选项卡,在"请为不同区域的 Web 内容指定安全设置"中选择"受信任的站点"图标,再单击"站点"按

图 4.55 选择"Internet 选项"

钮。这时将出现图 4.57 所示的对话框。

步骤 3：在图 4.57 所示的"可信站点"中，首先清除"对该区域中的所有站点要求服务器验证（https：）"，然后在"将该网站添加到区域中"文本框中输入"ftp：//192.168.1.1"，完成后单击"添加"按钮。

步骤 4：这时，在图 4.58 所示的对话框中可以看到该站点已经被添加到可信站点中了，然后单击"关闭"按钮。

这样，用户就可以从这个 FTP 站点中下载文件了。

图 4.56 选择"受信任的站点"

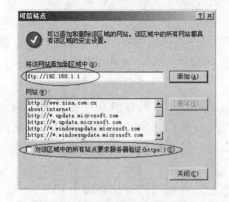

图 4.57 添加受信任的站点

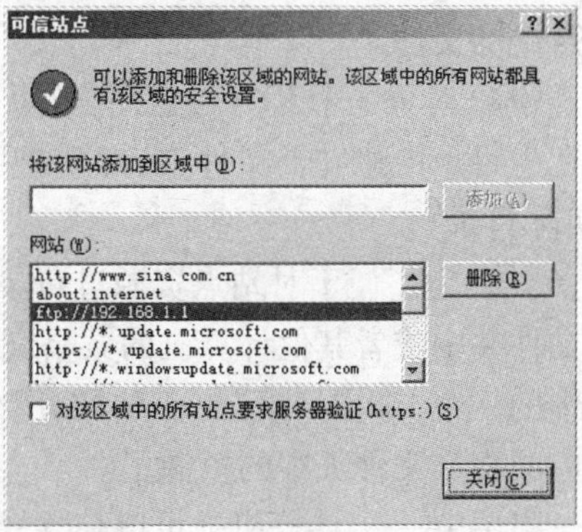

图 4.58 添加完成后的画面

本章小结

（1）利用 FTP 协议，用户可以将远程计算机上的某些文件下载到自己计算机的磁盘中，也可以将本机上的文件上传到远程计算机上。

（2）FTP 实际上就是将各种类型文件都放在 FTP 服务器中，用户计算机上需要安装一个 FTP 客户端的程序，通过这个程序实现对 FTP 服务器的访问。

（3）在 FTP 服务器上建立 FTP 站点，向用户提供可以下载的资源。

（4）用户在 FTP 客户机上使用浏览器或专门的 FTP 客户端软件下载 FTP 站点上的内容。

（5）Internet 上的 FTP 服务器分为专用 FTP 服务器和匿名 FTP 服务器。

（6）专用 FTP 服务器仅为特定用户提供资源，用户要想成为它的合法用户，必须经过该服务器管理员的允许，由管理员为用户分配一个用户账户和密码，然后用户使用这个用户账户和密码访问服务器，否则将无法访问。

（7）匿名 FTP 服务器允许用户在访问它们时不需要提供用户账户和密码，但是为了安全起见，这些服务器通常只允许下载，而不允许上传。

（8）"下载"是指将文件从 FTP 服务器复制到用户自己的计算机上。

（9）"上传"是指用户将自己计算机的文件资源复制到 FTP 服务器上。

（10）下载文件的常用方法有两种：使用浏览器直接从网页或 FTP 站点下载、使用 FTP 软件下载。

（11）FTP 服务默认使用的 TCP 端口是 21。

（12）在创建 FTP 站点时，需要为其设定主目录。用户在访问 FTP 站点时所看到的文件是位于站点主目录中的文件。

（13）管理员可以设置允许或拒绝某台特定计算机或某一组计算机来访问 FTP 站点中的文件。

（14）对于一个 FTP 站点而言，可以把所有文件都存放在站点的主目录中，也就是在主目录中建立子文件夹，然后把文件放置在这些子文件夹内，这些文件夹称为"实际目录"。

（15）为了便于对站点资源进行灵活管理，还可以把文件存放在本地计算机的其他文件夹中或者其他计算机的共享文件夹中，然后再把这个文件夹映射到站点主目录中的一个"虚拟目录"上。这样，用户就可以通过这个虚拟目录的别名来访问与之对应的真实文件夹中的资源了。

（16）在一台计算机上可以建立一个 FTP 站点，也可以同时建立多个 FTP 站点。

思考与训练

1. 填空题

(1) 默认时,FTP 服务所使用的 TCP 端口为( )。

(2) 利用( )协议,用户可以将远程计算机上的某些文件下载到自己计算机的磁盘中,也可以将本机上的文件上传到远程计算机上。

(3) Internet 上的 FTP 服务器分为( )的 FTP 服务器和( )的 FTP 服务器。

(4) 匿名 FTP 服务器允许用户在访问它们时不需要提供( )和( )。

(5) ( )是指将文件从 FTP 服务器复制到用户自己的计算机上。

(6) ( )是指用户将自己计算机的文件资源复制到 FTP 服务器上。

(7) 使用 FTP 协议下载文件的常用方法有两种:( )、( )。

(8) 常用的 FTP 服务器产品有( )和( )。

(9) 在配置 FTP 站点时,为了使用户可以通过完全合格域名访问站点,应该在网络中配置( )服务器。

(10) 对于一个 FTP 站点而言,可以把所有文件都存放在站点的主目录中,也就是在主目录中建立子文件夹,然后把文件放置在这些子文件夹内,这些文件夹称为( )。

(11) 为了便于对站点资源进行灵活管理,还可以把文件存放在本地计算机的其他文件夹中或者其他计算机的共享文件夹中,然后再把这个文件夹映射到站点主目录中的一个( )目录上。

2. 思考题

(1) 什么是 FTP 服务?

(2) 专用 FTP 服务器与匿名 FTP 服务器的主要区别是什么?

(3) 使用"虚拟目录"可以带来什么好处?

(4) 在一台计算机上使用什么方法可以建立多个 FTP 站点?

(5) 在使用 IIS 创建的 FTP 站点中,如果希望只让知道密码的用户访问站点,应该怎么办?

配置电子邮件服务器

5

随着计算机网络的发展,越来越多的用户使用电子邮件。本章将对如何在 Windows Server 2003 计算机中安装和管理电子邮件服务器进行介绍。

📖 **本章主要内容**
- ☑ 电子邮件服务概述
- ☑ 使用 IIS 搭建邮件服务器
- ☑ 使用 IIS 管理邮件服务器

🗝 **本章学习要求**
- ☑ 了解电子邮件服务的概念与特点
- ☑ 掌握使用 IIS 搭建邮件服务器的方法
- ☑ 掌握使用 IIS 管理邮件服务器的方法

5.1　电子邮件服务概述

用户可以通过连接到 Internet 上的计算机接收和发送电子邮件。由于使用电子邮件进行通信,具有速度快、成本低的优点,所以随着计算机的普及,电子邮件越来越受到用户的广泛欢迎。

在 Internet 中,为用户处理电子邮件业务的计算机称为"邮件服务器"。它将用户发送的电子邮件接收下来,然后再转送到指定的目的地,或者将电子邮件存储到相关的电子邮箱中,等待电子邮箱的所有者来收取电子邮件。

5.1.1　电子邮件系统的结构和功能

1.电子邮件系统的结构

通常,电子邮件系统由两个子系统组成:用户代理和消息传输代理。

(1)用户代理:是一个本地程序,它允许用户使用基于命令、菜单或图形方式去读取和发送电子邮件。

(2)消息传输代理:是一个典型的系统进程,在后台运行,负责把电子邮件从源地址传递到目的地址。

2.电子邮件系统的功能

电子邮件系统支持以下基本功能。

• 写作:指创建邮件或给出答复的过程。

• 传输:指把邮件从发件人传送到收件人的工作。

• 报告:告知发件人,在传送电子邮件的过程中发生了什么事情,例如是否投递、是否退回、是否丢失等。

• 显示:显示收到的邮件,以便收件人能够阅读它。

• 处置:收件人收到邮件后如何处理它。可能的方法包括阅读之前删除、阅读之后删除或保存等,也有可能恢复已删除的邮件、转发邮件或使用其他处理方式。

5.1.2　电子邮件协议

基于 Windows Server 2003 系统的计算机通过 SMTP 协议(简单邮件传输协议)和POP3 协议(邮局协议第三版)来共同实现电子邮件的传输过程。

1. SMTP 协议

SMTP 协议用于发送电子邮件,默认时使用计算机的 25 端口。SMTP 的一个重要特点是邮件可以在不同的服务器之间接力式传送,直至到达目标计算机。

SMTP 协议工作在两种情况下。

一种是邮件从客户机传送到邮件服务器。在这种情况下,用户在自己的计算机上使用电子邮件客户端工具(例如 Outlook Express 等)通过 SMTP 协议把邮件发送给邮件服务器。

另一种是邮件由一台邮件服务器传送到另一台邮件服务器。在这种情况下,邮件服务器在收到用户的邮件发送请求后会判断该邮件是否为本地邮件。如果是,则直接投递到用户邮箱;如果不是,则向 DNS 服务器查询目标邮件服务器的地址,然后根据 DNS 服务器提供的路径把邮件发送到收件人邮箱所在的邮件服务器,再由该邮件服务器将邮件投递到收件人的邮箱。

提供 SMTP 服务的计算机被称为"SMTP 服务器"。

2. POP3 协议

POP3 协议用于接收电子邮件,默认时使用计算机的 110 端口。当用户在自己的计算机上使用电子邮件客户端工具向邮件服务器索取属于他的电子邮件时,邮件服务器会从邮件存放区中读取属于该用户的电子邮件,并将这些邮件发送给用户。

提供 POP3 服务的计算机被称为"POP3 服务器"。

下面举例说明电子邮件的传输过程:John 使用自己的邮箱 John@ abc. com 给 David 发送一个电子邮件,David 的邮箱地址为 David@ efg. com。该邮件的传输过程如图 5.1 所示。

步骤 1:John 把准备发送给 David@ efg. com 的邮件发送到负责 abc. com 的 SMTP 服务器。

步骤 2:负责 abc. com 的 SMTP 服务器收到该邮件后,通过邮件的目标地址得知需要把该邮件发送给负责 efg. com 的 SMTP 服务器,于是向 DNS 服务器请求对负责 efg. com 的 SMTP 服务器进行 DNS 名称解析。

步骤 3:DNS 服务器把负责 efg. com 的 SMTP 服务器的 IP 地址发送给负责 abc. com 的 SMTP 服务器。

步骤 4:负责 abc. com 的 SMTP 服务器通过得到的 IP 地址,把该邮件发送给负责 efg. com 的 SMTP 服务器。

步骤 5:负责 efg. com 的 SMTP 服务器接收到这个电子邮件后,把该邮件存储在邮件存放区。

步骤 6:当 David 打开自己的电子邮箱 David@ efg. com 时,计算机会自动向负责 efg. com 的 POP3 服务器查询是否有自己的邮件。

步骤 7:负责 efg. com 的 POP3 服务器到邮件存放区进行查询,并读取这个电子邮件。

步骤 8:负责 efg. com 的 POP3 服务器把这个电子邮件发送给 David 所使用的计算机。这时 David 就可以读取自己的邮件了。

通常情况下,经常用一台计算机同时承担 SMTP 与 POP3 功能,这台计算机就是邮件服务器。

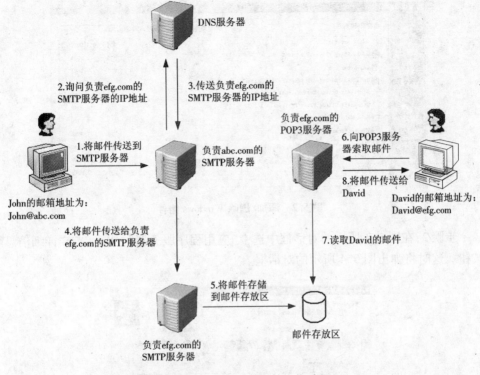

图 5.1 电子邮件服务的工作过程

5.2 使用 IIS 搭建邮件服务器

在 Windows Server 2003 操作系统的 IIS 6.0 中自带了 SMTP 服务和 POP3 服务，可以用来搭建一台同时具备发送与接收电子邮件功能的邮件服务器。

通常情况下，经常由一台邮件服务器同时承担 SMTP 服务与 POP3 服务的功能。也就是说，此邮件服务器利用 SMTP 协议向其他邮件服务器转发邮件，同时使用 POP3 协议接收邮件并把邮件发送到用户所使用的计算机中。为此，需要在一台计算机上同时安装 SMTP 服务和 POP3 服务。

5.2.1 安装 SMTP 服务

可以按照下面的操作方法在一台 Windows Server 2003 的计算机中利用 IIS 安装 SMTP 服务。

步骤 1：单击"开始"→"设置"→"控制面板"→"添加或删除程序"，出现图 5.2 所示的对话框。在此对话框中双击"添加/删除 Windows 组件"，弹出图 5.3 所示的对话框。

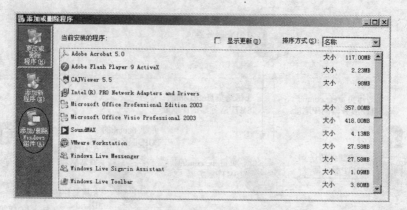

图 5.2 添加/删除 Windows 组件

步骤 2：在图 5.3 所示的对话框中选中"应用程序服务器"，然后单击"详细信息"按钮。这时将弹出图 5.4 所示的对话框。

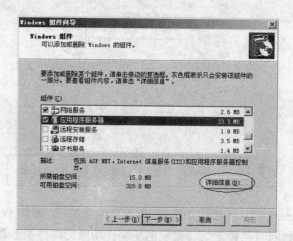

图 5.3 选择"应用程序服务器"

步骤 3：在图 5.4 所示的对话框中，首先选择"Internet 信息服务(IIS)"，然后单击"详细信息"按钮。这时将弹出图 5.5 所示对话框。

步骤 4：在图 5.5 所示的对话框中选择"SMTP Services"，然后单击"确定"按钮。

步骤 5：在接下来弹出的对话框中，依次单击"确定"、"下一步"和"完成"按钮。

通过以上操作就可以在一台计算机上安装 SMTP 服务了。安装完成后，可以按照下面的操作步骤查看该 STMP 服务器。

单击"开始"→"程序"→"管理工具"→"Internet 信息服务(IIS)管理器"，出现图 5.6 所示的窗口。从该窗口中可以看到系统已经建立了一个"默认 SMTP 虚拟服务器"。

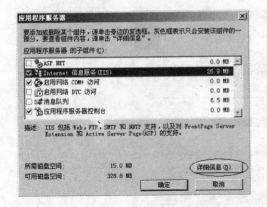

图 5.4 选择"Internet 信息服务(IIS)"

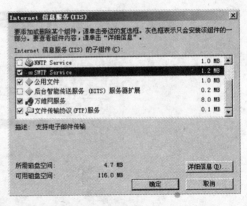

图 5.5 选择"SMTP Service"

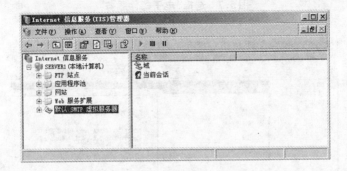

图 5.6 查看 SMTP 服务器

5.2.2 安装 POP3 服务

可以按照下面的操作方法在一台 Windows Server 2003 的计算机中利用 IIS 安装 POP3 服务。

步骤 1：单击"开始"→"设置"→"控制面板"→"添加或删除程序"，出现图 5.2 所示的对话框，在此对话框中双击"添加/删除 Windows 组件"，这时将弹出图 5.7 所示的对话框。

步骤 2：在图 5.7 所示的对话框中，选择"电子邮件服务"，然后单击"下一步"按钮。

步骤 3：在弹出的对话框中单击"完成"按钮。

通过以上操作就可以在一台计算机上安装 POP3 服务了。安装完成后，可以按照下面的操作步骤查看该 POP3 服务器。

单击"开始"→"程序"→"管理工具"→"POP3 服务"，弹出图 5.8 所示的窗口。从图中可以看到系统已经建立了一个 POP3 服务器。

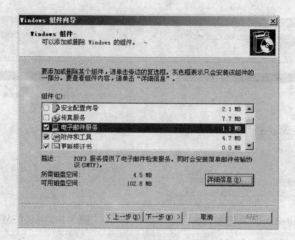

图 5.7　选择"电子邮件服务"

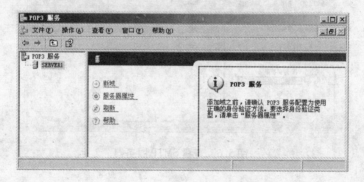

图 5.8　查看 POP3 服务器

5.3　使用 IIS 管理邮件服务器

5.3.1　配置 POP3 服务器

根据电子邮件地址的不同,由不同的 POP3 服务器负责电子邮件的获取工作。一个 POP3 服务器负责一个电子邮件域(例如域 abc. com)中邮件的获取任务,这个域被称为"本地域"。在每个电子邮件域中都建立有若干个电子邮箱,这些电子邮箱的格式为"用户名@电子邮件域名"。例如对于电子邮件域 abc. com 来说,其中的电子邮件格式为"xxx@ abc. com"。

1.选择适当的验证方法

用户在计算机中试图登录电子邮箱时,必须提供自己的用户账户名称与密码,系统会通过网络把用户的账户名称和密码交给负责该电子邮件域的 POP3 服务器,并由该 POP3 服务器负责对用户账户和密码进行验证。只有通过验证的用户账户和密码,才可以成功登录电子邮箱。

　　Windows Server 2003 操作系统为 POP3 服务提供了多种验证用户身份的方法。在 POP3 服务器上建立电子邮件域之前,首先需要决定 POP3 服务器所使用的验证方法。因为一旦建立完成电子邮件域之后,就不可以再改变验证方法了。

　　可以按照下面的操作过程在 POP3 服务器中设置验证用户身份的方法。

　　在图 5.8 所示的窗口中,单击"服务器属性",弹出图 5.9 所示的对话框。可以在此对话框的"身份验证方法"中选择验证身份的方法,在此选择"本地 Windows 账户"。它是利用计算机 SAM 数据库内的用户账户信息来验证用户的身份,此方法可用于 POP3 服务器搭建在独立服务器或成员服务器上的环境。选择完成后,单击"确定"按钮即可。

　　2. 建立电子邮件域

　　选择好验证身份方法之后,就可以建立电子邮件域了。操作方法如下。

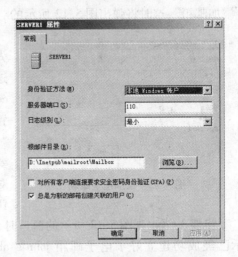

图 5.9　设置 POP3 服务器的属性

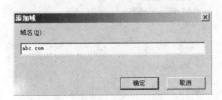

图 5.10　添加域

　　在图 5.8 所示的窗口中单击"新域",弹出图 5.10 所示的对话框,在该对话框的"域名"文本框中输入域的名称(如"abc.com"),然后单击"确定"按钮即可。

　　这样,可以在图 5.11 所示的 POP3 服务器窗口中看到这个刚建好的电子邮件域 abc.com。

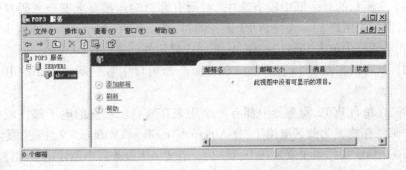

图 5.11　查看建立的电子邮件域

3. 建立用户电子邮箱

建立好电子邮件域之后,就可以在这个域中为用户建立电子邮箱了。下面以在电子邮件域 abc. com 中创建邮箱 john@ abc. com 为例,来说明创建邮箱的具体操作步骤。

步骤 1:在图 5.11 所示的窗口中选中电子邮件域 abc. com,然后在窗口右侧单击"添加邮箱",这时将弹出图 5.12 所示的对话框。

步骤 2:在图 5.12 所示的对话框中,首先在"邮箱名"文本框中输入邮箱名称 john,这表示该用户的邮箱名称为"john@ abc. com"。然后在"密码"文本框中为该邮箱设置密码,并对密码进行确认。还可以选中"为此邮箱创建相关联的用户"复选框,表示要在本台计算机的 SAM 数据库中同时建立对应的用户账户。完成后,单击"确定"按钮。

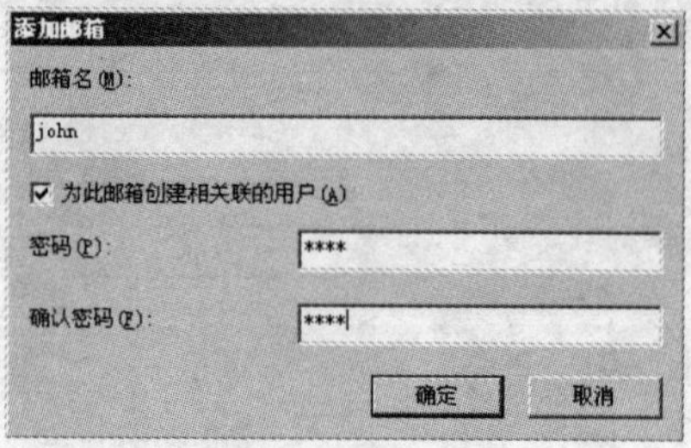

图 5.12　添加电子邮箱

步骤 3:当出现图 5.13 所示的窗口时,表示已经成功建立好了电子邮箱 john@ abc. com。另外还可以看到说明信息:如果 POP3 服务器要求用户采用明文方式(即以不加密的方式传递用户的身份信息),那么当用户连接这台 POP3 服务器时,必须使用 john@ abc. com 这个账户名称;而如果 POP3 服务器要求用户采用 Secure Password Authentication (SPA)方式,则用户连接 POP3 服务器时,必须利用 john 这个账户名称。在本例中,由于在为该 POP3 服务器设置验证用户身份方法

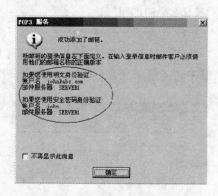

图 5.13　添加后的提示信息

时,在图 5.9 所示的对话框中没有选中"对所有客户端连接要求安全密码身份验证 (SPA)",所以当用户 john 连接 POP3 服务器时,必须利用 john@ abc. com 这个账户名称。在此对话框中单击"确定"按钮,从而完成邮箱的创建过程。

这时,就可以在图 5.14 所示的 POP3 服务器窗口中看到新创建好的电子邮箱了。

另外,在每台 POP3 服务器中都有一个用来存放自己负责的电子邮件域中用户邮件的"邮件存放区",此区域位于"D:\Inetpub\mailroot\Mailbox"文件夹(假设 Windows Server 2003 操作系统安装在 D:盘)内。在 POP3 服务器中创建电子邮件域的过程中,系统会自动在此文件夹内建立一个子文件夹,这个子文件夹的名称是以新建立的电子邮件域的名称来命名的。在为用户建立电子邮箱时,系统就会在此文件夹内

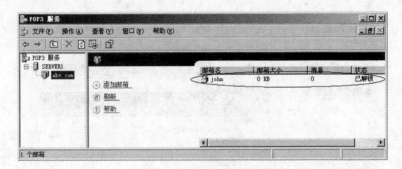

图 5.14　查看电子邮箱

为该用户建立一个存储其电子邮件的专用文件夹。例如,在图 5.15 所示的窗口中,
文件夹"D:\Inetpub\mailroot\Mailbox\abc.com\P3_john.mbx"就是用来存储邮箱
john@abc.com 的邮件存放区。

图 5.15　邮箱的存储位置

5.3.3　设置电子邮件客户端

用户可以在自己的计算机上使用电子邮件客户端软件来访问邮件服务器,这里
以使用 Outlook Express 软件为例,来说明用户 John 如何建立用于连接 POP3 服务器
的电子邮件账户,并且使用这个电子邮件账户接收和发送邮件。

1.在客户端建立电子邮件账户

步骤1:单击"开始"→"程序"→"Outlook Express",这时将出现图 5.16 所示的
窗口。

步骤2:在图 5.16 所示的窗口中,选择"工具"→"账户",如图 5.17 所示。这时
将弹出图 5.18 所示的对话框。

步骤3:在图 5.18 所示的对话框中,首先选择"邮件"选项卡,然后单击"添加"→
"邮件"。这时将弹出图 5.19 所示的对话框。

图 5.16　启动 Outlook Express

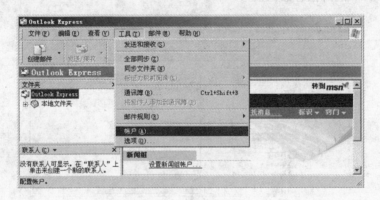

图 5.17　选择"账户"

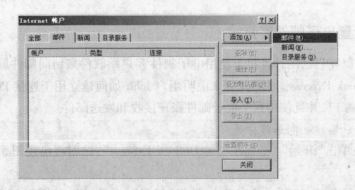

图 5.18　选择邮件账户

　　步骤 4:在图 5.19 所示对话框中,在"显示名"文本框中输入用户的显示名,例如"王约翰",完成后单击"下一步"按钮。这时将弹出图 5.20 所示的对话框。

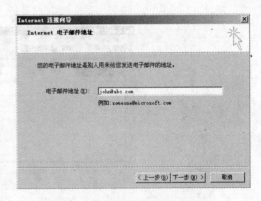

图 5.19　设置显示名　　　　　　　　　图 5.20　设置电子邮箱的地址

步骤 5：在图 5.20 所示对话框的"电子邮件地址"文本框中输入用户 john 使用的电子邮箱地址"john@ abc. com"，然后单击"下一步"按钮。

步骤 6：在弹出的图 5.21 所示对话框中，输入该用户所使用的 POP3 服务器与 SMTP 服务器的 IP 地址或完全合格域名，然后单击"下一步"按钮。可以看出，在此例中，使用同一个计算机担任 POP3 服务器与 SMTP 服务器。

步骤 7：在弹出的图 5.22 所示对话框中，输入用来连接 POP3 服务器的用户账户，注意在此例中必须输入"john@ abc. com"，这是因为本例中的 POP3 服务器选用的是"明文"验证方法。如果 POP3 服务器选用"Secure Password Authentication (SPA)"验证方法，那么必须输入 john，而且同时必须选中"使用安全密码验证登录 (SPA)"复选框。输入完成后，单击"下一步"按钮。

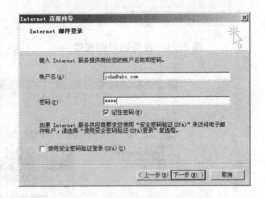

图 5.21　设置 POP3 服务器和 SMTP 服务器的地址　　图 5.22　设置用户账户名与密码

步骤 8：在下一个出现的对话框中单击"完成"按钮即可。

这时，可以在"Internet 账户"对话框中看到这个新建立的电子邮件账户，如图 5.23 所示。

用户 john 也可以根据需要对自己的账户进行修改。为此，可以在图 5.23 所示的对话框中双击这个用户账户"192.168.1.1"，弹出图 5.24 所示的对话框。在此对

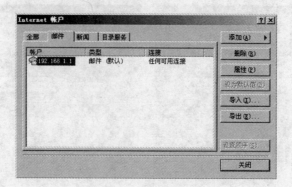

图 5.23　建立完成后的画面

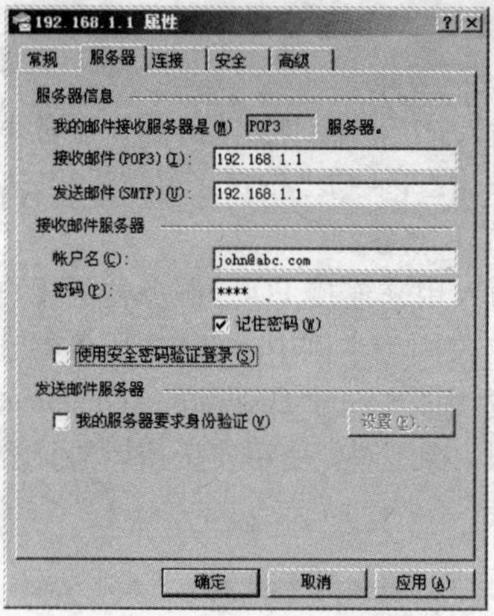

图 5.24　设置账户的属性

话框中选择"服务器"选项卡,可以对其中的项目进行修改。

这样,用户 john 就可以使用邮箱 john@abc.com 接收和发送电子邮件了。

2. 用户在客户端收发电子邮件

这里以用户 john 为例,介绍如何使用 Outlook Express 给用户 david 的邮箱 david@abc.com 发送电子邮件。

步骤 1:单击"开始"→"程序"→"Outlook Express",这时将出现图 5.25 所示的窗口。

步骤 2:在图 5.25 所示的窗口中,选择"文件"→"新建"→"邮件",如图 5.26 所示。这时将弹出图 5.27 所示的对话框。

图 5.25　启动 Outlook Express

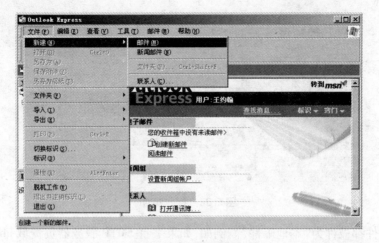

图 5.26 新建邮件

步骤 3：在图 5.27 所示的对话框中，在"收件人"文本框中输入收件人的电子邮箱地址 david@abc.com，在"主题"文本框中输入一个主题，并在下方的文本框中输入邮件内容，完成后，单击"发送"图标。

当需要接收邮件时，在图 5.28 所示的窗口中选择"工具"→"发送和接收"→"接收全部邮件"即可。

5.3.4　配置 SMTP 服务器

默认情况下，SMTP 服务器允许用户通过它发送电子邮件，不过此邮件的目的地必须是该 SMTP 服务器所负责的电子邮件域（即本地域）。例如，一台 SMTP 服务器

图 5.27　书写并且发送邮件

所负责的邮件域是 abc.com，则当它收到一封发送给 david@abc.com 的邮件时，会接受此邮件，并将这封邮件存储到"邮件存放区"中；如果它收到一封寄给 mary@efg.com 的邮件时，会拒绝接收与转发此邮件，因为 efg.com 不是它所负责的电子邮件域。因此，为了让 SMTP 服务器可以转发所有的邮件，则需要对其进行必要的配置。

1. 电子邮件域

在 SMTP 服务器中所建立的电子邮件域是用来组织邮件的，它主要分为两种类型：本地域和远程域。

1）本地域

本地域（Local domain）就是此台 SMTP 服务器所负责的电子邮件域，所有要送到

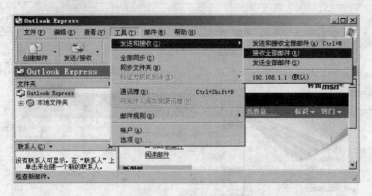

图 5.28　接收邮件

此域的邮件都被称为"本地邮件"。例如,如果一台 SMTP 服务器负责域 abc. com,那么这个域就是这台 SMTP 服务器的本地域,当此 SMTP 服务器收到寄给"xxx@ abc. com"的邮件时,便把这些邮件当作本地邮件存储在本地而不会转发给其他 SMTP 服务器。本地域又分为以下 3 种类型。

　　·本地默认域:此域的名称与这台 SMTP 服务器的完全合格域名相同。此域不可以被删除,但是可以改变它的域名。

　　·本地别名域:可以为本地默认域设置另外一个域名,此即为本地别名域,所有要发送到这个本地别名域的邮件都相当于发送给本地默认域。

　　·本地自定义域:对于一个既为 POP3 服务器又为 SMTP 服务器的邮件服务器来说,当在 POP3 服务器内建立电子邮件域时,系统会自动在 SMTP 服务器中建立相同的电子邮件域,此域即为本地自定义域。

　　例如在图 5.29 所示的窗口中,"server1. bcd. com"为本地默认域,"abc. com"为自定义域,"cde. com"为本地别名域。

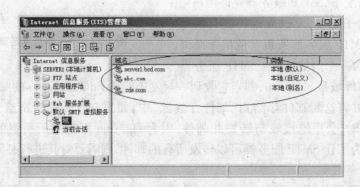

图 5.29　本地域

2)远程域

对于一台 SMTP 服务器而言,不是由它负责的邮件域就被称为"远程域",要发送到远程域的电子邮件被称为"远程邮件"。例如,如果一台 SMTP 服务器没有负责 efg.com 域,那么这个域就是这台 SMTP 服务器的远程域,当这台 SMTP 服务器收到寄给"xxx@efg.com"的邮件时,它会把这些邮件转发给负责电子邮件域 efg.com 的 SMTP 服务器。

2. 让 SMTP 服务器转发电子邮件

默认情况下,新创建的 SMTP 服务器只接收发送给本地域的电子邮件;而对于发送给远程域的邮件,它将拒绝接收和转发。为了让 SMTP 服务器能够接收和转发远程邮件,可以考虑使用以下两种方法。

·1)借助 DNS 服务器

当 SMTP 服务器接收到远程邮件时,可以把它的电子邮件域名发送给 DNS 服务器,由 DNS 服务器查询负责该远程邮件所在邮件域的 SMTP 服务器的 IP 地址,并把解析结果发送给原 SMTP 服务器,于是该 SMTP 服务器将这封远程邮件发送给其所在邮件域的 SMTP 服务器。为此,需要把这台 SMTP 服务器配置为 DNS 客户机。例如,SMTP 服务器 A 收到一封寄给 david@efg.com 的电子邮件,如果 efg.com 不是本地域,而是由 SMTP 服务器 B 负责管理的域,那么 SMTP 服务器 A 将把域名 efg.com 提交给 DNS 服务器,请求 DNS 服务器对其进行名称解析,解析到的 IP 地址即为负责 efg.com 域的 SMTP 服务器 B 的 IP 地址,然后 SMTP 服务器 A 根据解析到的 IP 地址把电子邮件 david@efg.com 直接发送给负责 efg.com 域的 SMTP 服务器 B。

2)借助中继主机

当 SMTP 接收到一封发送给远程域的远程邮件时,也可以不求助于 DNS 服务器,而是直接将这封远程邮件发送给另一台指定的 SMTP 服务器,然后由这台 SMTP 服务器来负责发送邮件,这台特定的 SMTP 服务器被称为"中继主机"。

如果 SMTP 服务器借助中继主机来发送远程电子邮件,则首先需要在 SMTP 服务器中设置中继主机。具体操作步骤如下。

步骤1:在图 5.30 所示的对话框中,右键单击"默认 SMTP 虚拟服务器",从快捷菜单中选择"属性",打开属性对话框,选中"传递"选项卡,对话框如图 5.31 所示。

步骤2:在图 5.31 所示的对话框中,单击"高级"按钮。这时将弹出图 5.32 所示的对话框。

步骤3:在图 5.32 所示对话框的"中继主机"文本框中,输入另一台可以转发邮件的 SMTP 服务器(即中继主机)的完全合格域名或 IP 地址。如果输入的是 IP 地址,则最好在 IP 地址的前后加上方括号"[ ]",例如[192.168.1.200],以便提高访问速度;否则,SMTP 服务会将其作为计算机的完全合格域名首先进行名称解析。而加上方括号表示此处的信息为 IP 地址,这样 SMTP 服务就不需要再浪费时间通过 DNS 服务器进行名称解析了。

也可以在图 5.32 所示的对话框中选中"在发送到中继主机之前尝试直接传递"复选框。这时,当 SMTP 服务器接收到远程电子邮件时,会先通过 DNS 服务器来寻

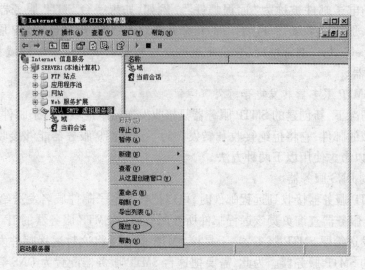

图 5.30 打开默认 SMTP 虚拟服务器属性

找负责远程域的 SMTP 服务器的 IP 地址,找到后,则直接将邮件发送给它;如果找不到,再把邮件传送给中继主机。

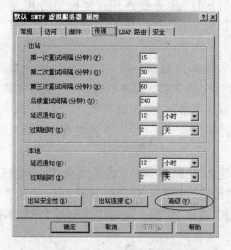

图 5.31 设置高级选项

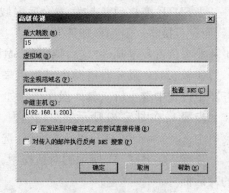

图 5.32 高级传递

5.3.5 SMTP 服务器的基本管理工作

在一台 Windows Server 2003 计算机上安装电子邮件服务器的同时,系统会自动建立一个"默认 SMTP 虚拟服务器",下面将介绍如何对这个 SMTP 服务器进行管理和设置。

1. IP 地址与 TCP 端口号的设置

如果在 SMTP 服务器中有多个 IP 地址,则可以从中选择一个 IP 地址用于提供 SMTP 服务。那么,只有当客户端通过这个被选用的 IP 地址发送电子邮件给 SMTP 服务器时,这台 SMTP 服务器才会接收此电子邮件,否则拒绝接收。

TCP 端口号可用来标识计算机内的 TCP 服务,"默认 SMTP 虚拟服务器"的标准 TCP 端口号是 25,建议不要随意改变此端口号。

如果需要在一台计算机上搭建多个 SMTP 虚拟服务器,则这些 SMTP 虚拟服务器所使用的 IP 地址与 TCP 端口号不可以完全相同,也就是说,它们使用的 IP 地址或 TCP 端口号至少要有一个是不相同的。

根据需要,可以对"默认 SMTP 虚拟服务器"的 IP 地址或 TCP 端口号进行修改,操作步骤如下。

步骤 1:如图 5.30 所示,在"IIS 管理器"窗口中右键单击"默认 SMTP 虚拟服务器",从快捷菜单中选择"属性",这时将弹出图 5.33 所示的对话框。

步骤 2:在图 5.33 所示的对话框中,单击"高级"按钮,这时将弹出图 5.34 所示的对话框。

步骤 3:在图 5.34 所示的对话框中,选中某个 IP 地址或 TCP 端口号,然后单击"编辑"按钮,即可在随后弹出的对话框中对其进行修改。

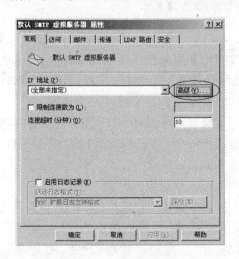

图 5.33 选择高级属性

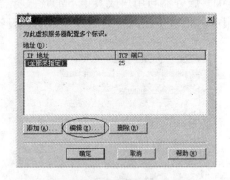

图 5.34 修改 IP 地址和端口号

2. 启动、停止、暂停 SMTP 服务器

可以按照下面的方法启动、停止或暂停 SMTP 服务器。

在图 5.35 所示的"IIS 管理器"中,右键单击"默认 SMTP 虚拟服务器",然后就可以在快捷菜单中通过选择"启动"、"停止"或"暂停"选项来启动、停止或暂停 SMTP 服务器。

　　当需要对 SMTP 服务器的设置进行改变或维护时,需要首先停止 SMTP 服务器。当 SMTP 服务器被停止后,将不再接受新的连接,也不会发送电子邮件。

　　根据需要,当暂停 SMTP 服务器后,该 SMTP 服务器将不再接收新的客户端连接,但是会继续服务现有的连接、继续发送已经收到或正在等待发送的电子邮件。

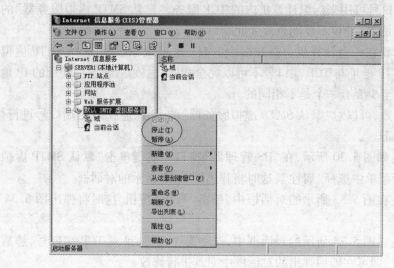

图 5.35　启动、停止、暂停 SMTP 服务器

3. 连接设置

　　当一台 SMTP 服务器接收到用户或其他 SMTP 服务器发送来的邮件时,在这台 SMTP 服务器与用户或其他 SMTP 服务器之间会建立一个连接;或者,当这台 SMTP 服务器把电子邮件转发给其他 SMTP 服务器时,两者之间也会建立一个连接。

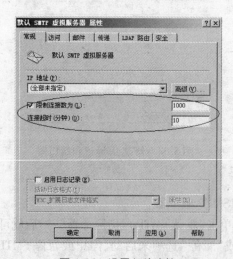

图 5.36　设置入站连接

　　管理员可以对 SMTP 服务器的连接数量进行限制,从而预防入侵者攻击 SMTP 服务器。

　　1)入站连接的设置

　　可以设置用户或其他 SMTP 服务器发送来的连接,这种连接称为“入站连接”。设置方法:在“IIS 管理器”中,右键单击“默认 SMTP 虚拟服务器”,从快捷菜单中选择“属性”,这时将弹出图 5.36 所示的对话框,可以在该对话框中设置“限制连接数为”和“连接超时(分钟)”选项来限制入站连接。

　　·“限制连接数为”:用来设置在同一时间内允许连入的最大连接数量,默认为不限制,最小值为 1。

　　•"连接超时(分钟)":对于一个已经没有任何动作的连接,当超过指定时间时,连接自动中断。

　　2)出站连接的设置

　　当这台 SMTP 服务器给其他服务器发送邮件时所建立的连接即为"出站连接"。设置方法为:在"默认虚拟 SMTP 服务器"的"属性"对话框中选择"传递"选项卡,如图 5.37 所示。

　　在图 5.37 所示的对话框中单击"出站连接"按钮,这时将弹出图 5.38 所示的对话框。在此对话框中,可以通过设置以下参数,从而对出站连接进行限制。

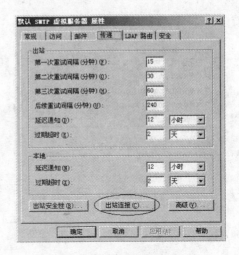

图 5.37　选择"出站连接"

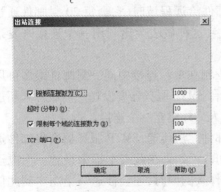

图 5.38　设置出站连接

　　•"限制连接数为":用来设置在同一时间内允许出站的最大连接数量,默认值为 1 000,最小值为 1。

　　•"超时(分钟)":对于一个已经没有任何动作的连接,当超过指定时间时,连接自动中断。

　　•"限制每个域的连接数为":用来设置这台 SMTP 服务器与每一个远程域的最多出站连接数量,默认值为 100,此值应该小于或等于"限制连接数为"中设定的值。

　　•"TCP 端口":用来设置出站连接所使用的 TCP 端口号,默认值为 25,表示要与远程计算机上使用端口号 25 的 SMTP 服务器连接。

5.3.6　管理邮件

　　可以在 SMTP 服务器中限制用户发送的邮件数量、邮件大小以及收件人的数量等,从而避免某些用户大量占用服务器资源,以便优化利用网络带宽。

　　设置方法:在"默认 SMTP 虚拟服务器"的"属性"对话框中选择"邮件"选项卡,如图 5.39 所示,可以在此对话框中对以下参数进行设置。

　　•"限制邮件大小为":用来限制客户端发送邮件的最大容量。默认值为 2 048 kB,即 2 MB。当客户端发送的邮件容量超过此限制值时,此 SMTP 服务器拒绝接收该邮件,客户端的发送操作也会失败。

图 5.39 管理邮件

• "限制会话大小为"：用来限制用户在一个连接中所有发送邮件的总容量。此处的设置值应该大于或等于"限制邮件大小为"的设置值。有的用户所使用的邮件系统，为了避开邮件大小限制的问题，会将一封大型邮件拆成几个较小的邮件，然后通过同一个连接来发送。如果在一个连接中发送邮件的总容量大小超过"限制邮件大小为"处的设置，则此 SMTP 服务器会将这个连接中断。

• "限制每个连接的邮件数为"：表示建立连接后，每次最多可以发送的邮件数。默认值为 20。这个设置也会影响 SMTP 服务器的工作效率。例如，如果设置值为 20，则当 SMTP 服务器要发送 100 封邮件给远程域时，它会每 20 封邮件通过一个单一连接来发送，总共同时会有 5 个连接，这种做法会比利用一个连接来发送 100 封邮件有效得多。

• "限制每个邮件的收件人数为"：用来限制在单一连接中同一封邮件最多可以发送给多少个收件人，默认值为 100。如果这台 SMTP 服务器要发送一封收件人超过 100 人的邮件时，它会为第 100 位以后的收件人另外建立一个连接。

• "将未传递报告的副本发送到"：如果邮件无法传递，SMTP 服务器会将邮件退还给寄件人并且附上"邮件未传递报告"（NDR）。如果在此文本框中设置一个电子邮箱，例如 admin@ abc. com，邮件在退回给发件人的同时，还会抄送一个副本到此信箱。

• "死信目录"：有错误的邮件（例如格式不符），或是无法退回给寄件人的 NDR，都会被移动到指定的死信目录中。

本章小结

（1）利用计算机网络来发送或接收的邮件叫做"电子邮件"。

（2）专门用来处理电子邮件业务的计算机称为"邮件服务器"，它将用户发送的电子邮件接收下来，然后再转送到指定的目的地；或者将电子邮件存储到相关的电子邮箱中，等待电子邮箱的所有者来收取电子邮件。

（3）每一个使用电子邮件系统的用户都需要有属于自己的电子邮件地址（即 E-mail 地址），它代表了电子邮箱所在。

（4）电子邮件地址的格式为"用户名@ 电子邮件服务器域名"。

（5）使用者在申请电子邮箱的同时还应该为它设定一个密码,这样才能够保证邮箱的安全。

（6）电子邮件的传输是通过 SMTP 协议和 POP3 协议共同实现的。

（7）SMTP 协议用于发送电子邮件,默认时使用计算机的 25 端口。

（8）提供 SMTP 服务的计算机被称为"SMTP 服务器"。

（9）POP3 协议用于接收电子邮件,默认时使用计算机的 110 端口。

（10）提供 POP3 服务的计算机被称为"POP3 服务器"

思考与训练

1.填空题

（1）利用计算机网络来发送或接收的邮件叫做（　　　　　）。

（2）专门用来处理电子邮件业务的计算机称为（　　　　　）,它将用户发送的电子邮件接收下来,然后再转送到指定的目的地;或者将电子邮件存储到相关的电子邮箱中,等待电子邮箱的所有者来收取电子邮件。

（3）每一个使用电子邮件系统的用户都需要有属于自己的（　　　　　）,它代表了电子邮箱所在。

（4）电子邮件地址的格式为（　　　　　）。

（5）电子邮件服务的两个最重要的协议是（　　　）和（　　　　）。

（6）默认时,SMTP 服务所使用的 TCP 端口为（　　　　）。

（7）搭建邮件服务器的方法有（　　　　）和（　　　　　）等。

（8）某人的邮箱是 john@ efg. com,其中的"john"代表这个人的（　　　　）,"efg. com"代表（　　　）。

2.思考题

（1）什么是电子邮件? 举例说明电子邮件的地址格式。

（2）在 Internet 上传输电子邮件是通过哪些协议来完成的?

（3）什么是电子邮件服务?

（4）简述邮件服务器的功能。

（5）在 IIS 中,如何让 SMTP 服务器转发电子邮件?

配置流媒体服务器

可以在网络中使用 Windows Media Services 搭建流媒体服务,这样,用户就可以在本地计算机上通过网络来观赏媒体节目了。

📖 **本章主要内容**

  ☑ 流媒体技术概述

  ☑ 使用 Windows Media Services 搭建流媒体服务器

🔑 **本章学习要求**

  ☑ 了解流媒体的概念、流媒体技术的特点

  ☑ 了解常用的流媒体服务器产品

  ☑ 掌握使用 Windows Media Services 搭建流媒体服务器

6.1　流媒体技术概述

随着计算机的普及和网络技术的高速发展,人们不仅能够通过网络访问和下载自己需要的资料,而且可以享受"在线观看电视"、"远程教育"等网络服务,而这些功能的实现需要流媒体技术的支持。

流媒体,简单地说就是利用互联网传递,能被用户一边下载一边播放的活动媒体信息。在出现流媒体技术之前,网络上传输多媒体信息主要依靠下载方式来实现,也就是用户先把自己希望观看的多媒体文件下载至本地计算机的磁盘中,然后在本地计算机中使用媒体播放软件进行播放。一般情况下,由于多媒体文件既包含声音又包含视频信息,文件都比较大,因此下载这些文件不仅需要花费较长的时间,而且还需要占用大量的磁盘空间。另外,下载完毕后,一旦发现并不是自己需要的文件,也会影响人们的心情。

随着流媒体技术的发展,用户不必等到整个文件全部下载完毕再播放,而是只需经过几秒或几十秒的启动延时即可播放,也就是说,客户端可以一边下载数据一边播放,这特别适用于观看现场直播节目。

6.1.1　流媒体协议

数据传输协议是指标准化的数据传输格式。如果所有的网络都是以同一方式构建的,并且所有网络软件和设备的行为都类似,那么只需要一种协议就可以处理所有的数据传输需求。可是,在现实生活中,Internet 是由众多运行各种软硬件的不同网络组成的。因此,为了以可靠方式向客户端传输数字媒体内容,需要使用一些设计好的协议。常用的流媒体协议有 MMS、RSVP、RTSP、RTP 和 RTCP 等。

(1)RTP 和 RTCP:RTP 是 Realtime Transport Protocol(实时传输协议)的简称,RTCP 是 Realtime Transport Control Protocol(实时传输控制协议)的简称。它们被定义为在一对一或一对多传输的情况下工作,其目的是提供时间信息和实现流同步。RTP 通常使用 UDP(User Datagram Protocol,用户数据报协议)协议来传输数据,但RTP 也可以在 TCP 或 ATM(Asynchronous Transfer Mode,异步传输模式)等其他协议上工作。当应用程序开始一个 RTP 会话时将使用两个端口,一个给 RTP,一个给RTCP。RTP 本身并不能为按顺序传送数据包提供可靠的传送机制,也不提供流量控制或拥塞控制,它依靠 RTCP 提供这些服务。RTP 和 RTCP 配合使用,能以有效的反馈和最小的开销使传输效率最佳化,因而特别适合传送网上的实时数据。

(2)RTSP:RTSP 是 Real Time Streaming Protocol(实时流协议)的简称,该协议定义了一对多应用程序如何有效地通过 IP 网络传送多媒体数据,是专门用于控制实时数据(如音频和视频内容)传递的应用程序级协议。HTTP 与 RTSP 的区别在于两方面。一是 HTTP 传送的是 HTML 数据,而 RTSP 传送的是多媒体数据。二是 HTTP 请求由客户机发出,服务器做出响应;而在 RTSP 协议中,客户机和服务器都可以发出请求,即 RTSP 可以是双向的。

（3）RSVP：RSVP 是 Resource Reservation Protocol（资源预定协议）的简称,使用 RSVP 可以在数据传输时预留一部分网络带宽,以保障流媒体的传输质量。由于音频和视频数据流比传统数据对网络的延时更敏感,因此在网络中传输高质量的音频或视频信息时除带宽要求之外,还需要更多的条件。

（4）MMS：MMS 是 Microsoft Media Server Protocol（微软流媒体服务器协议）的简称,它是微软定义的一种流媒体传输协议,是连接 Windows Media 单播服务器的默认方法。

6.1.2　流媒体格式

流媒体的技术特点决定了流媒体文件的格式。流媒体文件是经过特殊编码的文件格式,不仅采用较高的压缩比,还加入了许多控制信息,使其适合在网络上边下载边播放。

目前网络上常见的流媒体格式主要有美国 RealNetwork 公司的 RealMedia 格式、微软公司的 Windows Media 格式和多用于专业领域的美国苹果公司的 QuickTime 格式。下面简要介绍这几种格式的特点。

1. RealMedia 格式

RealMedia 格式是美国 RealNetworks 公司的产品,是目前最流行的流媒体格式。RealMedia 中包含 RealAudio（声音文件）、RealVideo（视频文件）和 RealFlash（矢量动画）3 类文件。RealMedia 格式具有很高的压缩比和良好的压缩传输能力,特别适合网络播放或在线直播。在流媒体格式中,RealMedia 格式质量不高,但文件体积小,低速网的用户也可以在线欣赏视频节目。RealMedia 格式的文件通常会使用 RealPlayer 播放器播放,播放器的安装过程中包含一个网络向导,允许用户根据网络的实际情况选择自己的线路。RealPlayer 播放器的使用也非常方便,系统的资源占用介于其他两种格式之间,是低配置用户的最好选择。凭着 RealNetworks 公司优秀的技术,它已占领了半数以上的流媒体点播市场。

2. QuickTime 格式

QuikTime 格式现已成为数字媒体领域的工业标准。它定义了存储数字媒体内容的标准方法,使用这种文件格式不仅可以存储单个的媒体内容（如视频帧或音频采样）,而且能保存对该媒体作品的完整描述。QuickTime 文件格式被设计用来适应数字化媒体工作需要存储的各种数据,因为这种文件格式能用来描述几乎所有的媒体结构,所以它是应用程序交换数据的理想格式。QuickTime 文件格式的音像品质是最好的,但高清晰、高质量的画面往往就意味着更大尺寸的文件、更多的传输时间,因此 QuickTime 只能用在一些多媒体广告、产品演示、高清晰度影片等需要高清晰表现画面的视频节目上。QuickTime 格式的文件通常使用 QuickTime Player 播放器播放,QuickTime Player 可以通过 Internet 提供实时的数字化信息流、工作流与文件回放功能。QuickTime Player 会占用较多的系统资源,对计算机配置要求较高。

3. Windows Media 格式

Windows Media 为众多 Windows 系统使用者所熟悉,它的核心技术是 ASF（Advanced Streaming Format,高级流格式)。ASF 是一种数据格式,音频、视频、图像及控制指令脚本等多媒体信息通过这种格式以网络数据包的形式传输,实现流式多媒体内容的发布。ASF 格式支持任意的压缩/解压缩编码方式,并可以使用任何一种底层网络传输协议,具有很大的灵活性,比 MPEG 之类的压缩标准增加了控制命令脚本的功能。Windows Media 文件比 RealMedia 文件大,比 QuickTime 文件小,在线播放时可以获得比 QuickTime 文件更快、更流畅的效果。Windows Media 制作、发布和播放软件都已被集成到 Windows 操作系统中,因此播放 Windows Media 格式的文件时不需要特殊安装媒体播放软件,而是直接使用 Windows 系统自带的 Windows Media Player 就可以了。

6.1.3　流媒体技术的发布方式

目前,应用于互联网上的流媒体发布方式主要有单播、广播、多播和点播 4 种方式。

1. 单播

在客户端与流媒体服务器之间建立一条单独的数据通道,从一台服务器送出的每个数据包只能传送给一个客户机,这种传送方式称为"单播"。每个用户必须对流媒体服务器发出单独的请求,而流媒体服务器必须向每个用户发送其申请的数据包。这种发布方式对服务器造成了沉重负担,单播一般用于广域网的流媒体传输。

2. 广播

广播指的是由流媒体服务器发出流媒体数据,用户被动接收。在广播过程中,客户端只能接收流媒体数据而不能控制,这有些类似于电视节目的播放。使用单播发送时,需要将数据包复制多次,以多个点对点方式分别发送到需要它的用户;而使用广播方式发送时,每个数据包将发送给网络上的所有用户,不管用户是否需要。单播和广播这两种传输方式都非常浪费网络带宽。

3. 多播

利用 IP 多播技术能够构建一种具有多播能力的网络。在多播网络中,路由器会一次将数据包复制到多个数据通道上。采用多播方式,单台服务器能够对几十万台客户机同时发送连续数据流,而且没有时间延迟。流媒体服务器只需要发送一个数据包而不是多个,所有发出请求的客户端共享同一数据包。多播方式不会多次复制数据包,也不会将数据包发送给那些不需要它的客户,这样就大大提高了网络效率,降低了成本。多播在多媒体应用中占用的网络带宽最小,但它需要具有多播能力的网络,因此一般只能用于局域网或专用网段内传播。

4. 点播

点播是客户端主动连接服务器,在点播连接中,用户通过选择内容项目来初始化客户端连接,可以开始、暂停、快进、后退或停止流媒体文件。点播方式提供了对流媒体文件的最大控制,但由于每个客户端都会各自连接服务器,这种方式占用的网络带宽很多。

6.1.4　流媒体技术的主要应用

目前,流媒体技术主要应用在以下 3 个方面。

1. 远程教育

将信息从教师端传递到远程的学生端,需要传递的信息包括各种类型的数据,如视频、音频、文本、图片等。由于当前网络带宽的限制,流媒体无疑是最佳的选择。除实时教学以外,使用流媒体中的视频点播技术,更可以达到因材施教、交互式的教学目的。

2. 现场点播

从互联网上直接收看体育赛事、重大庆典、商贸展览等。网络带宽问题一直困扰着互联网直播的发展,随着宽带网的不断普及和流媒体技术的不断改进,互联网直播已经从试验阶段走向了实用阶段,并能够提供比较满意的音频/视频效果。

3. 视频会议

市场上的视频会议系统有很多,这些产品基本都支持 TCP/IP 网络协议,但采用流媒体技术作为核心技术的系统并不占多数。流媒体并不是视频会议必需的选择,但是流媒体技术的出现为视频会议的发展起了重要的作用。

6.1.5 常用流媒体服务器产品简介

目前,比较常用的流媒体服务器有两种:微软公司的 Windows Media Services 服务器和 RealNetworks 公司的 Real Media 服务器。

1. Windows Media Services 服务器

Windows Media Services 服务器是 Windows Server 2003 自带的一项网络服务,它与微软公司提供的包括 Windows Media 编码器在内的多种编辑工具相结合,能够通过各种网络发布多媒体内容。运行 Windows Media Services 的服务器叫做 Windows Media 服务器,它允许通过网络发布内容。网络中的用户通过播放器(如 Windows Media Player)接收发布的内容。

2. Helix Server 服务器

使用 Real Media 搭建流媒体服务器,需要一个支持 Real Media 流媒体技术的服务器和编码器。服务器用于提供用户使用的服务,编码器用于将视频、音频资源编码为 Real Media 格式的流媒体文件或者数据流。Helix Server 是网络中比较流行的流媒体服务器软件,它是一个多平台的、支持多格式流媒体文件的流媒体服务器软件。这表现在它既有 Windows 版、又有 Linux 版,既支持 Windows Media 格式又支持 Real Media 格式的流媒体文件。

6.2 使用 Windows Media Services 搭建流媒体服务器

Windows Server 2003 提供了 Windows Media 流媒体服务,主要用于网上音频和视频服务,它可以通过从低带宽、拨号连接到高带宽、局域网的各类网络传输流媒体内容,并可以结合 Web 站点提供文件传送、电影和多媒体放映等服务,功能非常强大。本节主要对使用 Windows Media Services 搭建流媒体服务器进行介绍。

6.2.1 安装 Windows Media Services 服务器

在默认情况下,安装 Windows Server 2003 时,系统并没有自动安装 Windows Media Services 服务组件,因此需要通过使用"配置您的服务器向导"或借助于"控制面板"中的"添加或删除程序"方式手工安装 Windows Media Services 服务组件。下面将以使用"添加/删除程序"的安装方式为例,详细介绍 Windows Media Services 服务的安装过程。

具体操作步骤如下。

步骤1:单击"开始"→"设置"→"控制面板"→"添加或删除程序",弹出图 6.1 所示的对话框,在此对话框中单击"添加/删除 Windows 组件",这时将弹出图 6.2 所示的对话框。

图 6.1 添加/删除 Windows 组件

步骤2:在图 6.2 所示的对话框中,首先选择"Windows Media Services",然后单击"详细信息"按钮。这时将弹出图 6.3 所示的对话框。

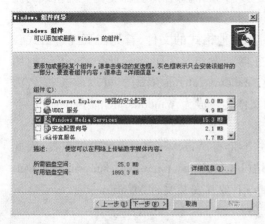

图 6.2 选择"Windows Media Services"

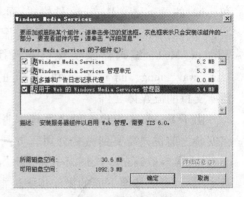

图 6.3 选择子组件

步骤 3:在图 6.3 所示的对话框中,选择所有的复选框,然后单击"确定"按钮。

步骤 4:这时,将返回图 6.2 所示的对话框,在此对话框中单击"下一步"按钮,开始安装流媒体服务器,等待一段时间后系统提示安装完成。

安装完成后,可以按照下面的操作步骤查看该流媒体服务器。

单击"开始"→"程序"→"管理工具"→"Windows Media Services",这时将弹出图 6.4 所示的 Windows Media Services 管理控制台,可以在此控制台中对流媒体服务器进行设置和管理。

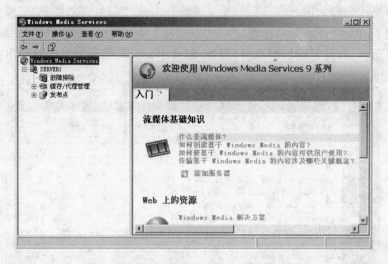

图 6.4　Windows Media Services 管理控制台

6.2.2　安装 Windows Media 编码器

安装好 Windows Media 服务器之后,在对服务器进行设置之前,需要准备好一些音频、视频文件,以备客户端测试访问。由于不同的流媒体服务器支持不同格式的流媒体文件,比如在目前情况下,Windows Media Services 只支持扩展名为 .asf、.wma 和 .wmv 的 Windows Media 文件格式;而对于其他格式的文件,首先需要经过格式转换,才可以在 Windows Media Services 服务器端发布。为了完成此工作,可以利用 Windows Media 编码器来实现格式转换,Windows Media 编码器可以将扩展名为 .avi、.wav、.mpg、.mp3、.bmp 和 .jpg 等的文件转换成为 Windows Media Services 服务器所支持的流媒体文件。

由于 Windows Server 2003 系统本身并不带有 Windows Media 编码器工具,因此在安装之前首先需要到微软公司官方网站(http://www.microsoft.com/windows/windowsmedia /cn/9series /encoder/default.asp)下载其安装文件"WMEncoder.exe"。下载完成后,可以按照下面的操作步骤进行安装。

步骤 1:双击安装文件 WMEncoder.exe,进入"Windows Media 编码器 9 系列安装

向导",如图 6.5 所示,单击"下一步"按钮。

图 6.5　欢迎安装向导

步骤 2:这时将弹出图 6.6 所示的对话框,在阅读完用户许可协议之后,选中"我接受许可协议中的条款",然后单击"下一步"按钮。(如果选中"我不接受许可协议中的条款",则退出安装过程。)

步骤 3:这时将弹出图 6.7 所示的对话框,在"安装文件夹"文本框中指定安装 Windows Media 编码器的位置。在本例中,采用默认的安装文件夹。然后,单击"下一步"按钮。这时将弹出图 6.8 所示的对话框。

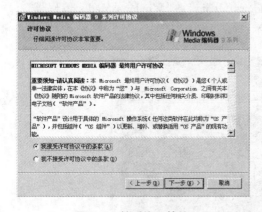

图 6.6　接受许可协议　　　　　　　　　图 6.7　指定安装文件夹

步骤 4:在图 6.8 所示的对话框中单击"安装"按钮,开始安装 Windows Media 编码器。

步骤 5:安装完成后,将弹出图 6.9 所示的对话框,提示用户安装完成。单击"完成"按钮,完成 Windows Media 编码器的安装。

安装完毕后,可以按照下面的操作步骤打开 Windows Media 编码器。

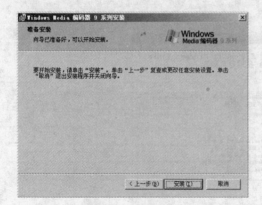

图6.8 准备安装 　　　　　　　图6.9 安装完成后的画面

单击"开始"→"程序"→"Windows Media"→"Windows Media 编码器",即可打开 Windows Media 编码器。

6.2.3 使用 Windows Media 编码器转换流媒体文件格式

在安装好 Windows Media 编码器之后,就可以使用该 Windows Media 编码器进行流媒体文件格式的转换了,把 Windows Media Services 不支持的文件格式转换成它所支持的. asf、. wma 和. wmv 文件。

具体操作步骤如下。

步骤1:单击"开始"→"程序"→"Windows Media"→"Windows Media 编码器",打开 Windows Media 编码器,如图6.10 所示。

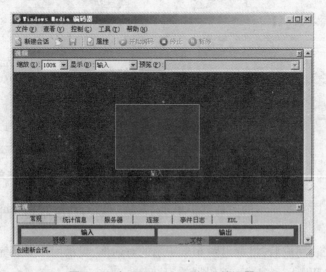

图6.10 打开 Windows Media 编码器

步骤 2: 选择"文件"→"新建",如图 6.11 所示,这时将弹出图 6.12 所示的对话框。

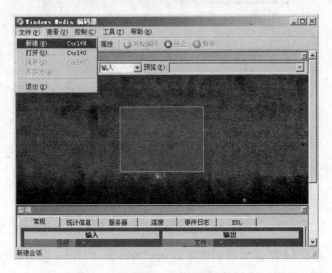

图 6.11 新建会话

步骤 3: 在图 6.12 所示的对话框中,根据需要定义会话方式。在本例中选择"转换文件",然后单击"确定"按钮。这时将弹出图 6.13 所示的对话框。

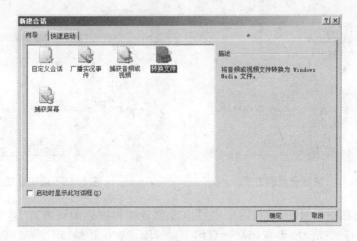

图 6.12 转换文件

步骤 4: 在图 6.13 所示的对话框中,在"源文件"文本框中输入要转换文件所在的文件夹和文件名(例如"D:\音乐\歌曲 1. mp3"),或者通过单击"浏览"按钮查找要转换的文件。然后在"输出文件"文本框中输入转换后文件的存放路径,默认状态下,输出文件与源文件保存在同一文件夹中。图 6.13 所示表明要把文件"歌曲 1. mp3"转换为"歌曲 1-1. wma",并且两个文件存放在同一个文件夹中。设置完成后,单击"下一步"按钮。这时将弹出图 6.14 所示的对话框。

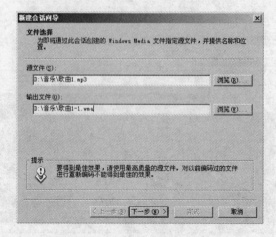

图 6.13　指定源文件和输出文件

步骤 5：在图 6.14 所示的对话框中，选择"Windows Media 服务器（流式处理）"，然后单击"下一步"按钮。这时将弹出图 6.15 所示的对话框。

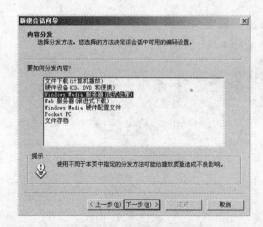

图 6.14　内容分发的方式

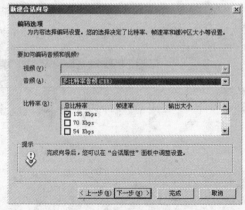

图 6.15　编码选项

步骤 6：在图 6.15 所示对话框中可以设置音频和视频编码方式，这里可以根据具体情况进行选择。如果视频文件只用于局域网或宽带传输，可选择高质量的视频，并指定较高帧速率，从而获得清晰的图像和逼真的声音。由于本例选择转换的是音频文件，所以在"视频"处没有显示。根据需要选择比特率后单击"下一步"。

步骤 7：弹出图 6.16 所示的"显示信息"的对话框，输入该文件的相关信息。当客户端播放该文件时会显示这些信息。单击"下一步"按钮。

步骤 8：弹出图 6.17 所示的"设置检查"对话框，将显示该会话的所有设置，用户可以检查文件的相关设置是否正确，如需修改，可以通过单击"上一步"按钮，返回到上一步骤进行修改。检查无误后,单击"完成"按钮,系统将进行文件格式的转换。

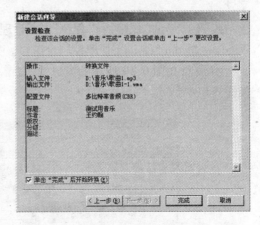

图 6.16 显示信息   图 6.17 检查设置

步骤 9:流媒体文件格式转换完成后,将弹出图 6.18 所示的编码结果。单击"关闭"按钮,从而完成格式的转换过程。

图 6.18 完成转换

6.2.4 创建点播发布点

Windows Media Services 服务可以通过各类网络发布多媒体文件,再结合微软公司自身提供的 Windows Media 编码器在内的多种编辑工具,就可以建立一个强大的视频服务系统。早期版本的 Windows Media 服务能够提供包括点播单播、广播单播、广播多播等多种方式的点播结构。而在 Windows Server 2003 系统新版的 Windows Media Services 服务中,把点播服务整合成为点播发布点和广播发布点两种结构。下面以创建点播发布点为例介绍如何通过 Media Server 系统实现视频点播发布。

在创建点播发布点之前,需要准备好希望发布的文件,而且这些文件格式要符合 Windows Media Services 支持的文件格式。如果格式不正确,还要借助编码器进行格式转换。在此,假设已经把符合 Windows Media Services 格式的文件存放在路径为

"D:\视频欣赏"的文件目录下。这样就可以按照下面的操作步骤设置点播发布点了。

步骤1：单击"开始"→"程序"→"管理工具"→"Windows Media Services"，打开Windows Media Services 管理控制台窗口。如图6.19 所示。

步骤2：在图6.19 所示的窗口中，右键单击"发布点"，在快捷菜单中选择"添加发布点(向导)"。

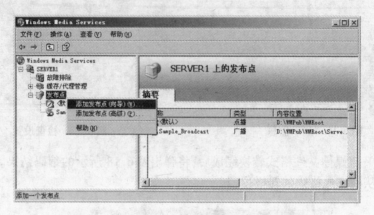

图6.19　添加发布点

图6.20　欢迎向导画面

步骤3：弹出图6.20 所示的对话框，单击"下一步"按钮。这时将弹出图6.21 所示的对话框。

步骤4：在图6.21 所示对话框中，为这个发布点设置名称。在设置具体名称时，可结合发布点传输内容类型自行定义，名称最好通俗易懂。因为要放到与客户相连接的 URL 地址中，所以这里起名为"视频欣赏(点播)"。然后，单击"下一步"按钮。

步骤5：弹出图6.22 所示的对话框，选择要传输的内容类型，选项如下。

•"编码器(实况流)"：发布的流媒体是由编码器实时创建的，由于它的内容不是 Windows Media 格式，通常称为"实况流"，这种类型只适用于广播发布点。如果选择该项，则下一步将只能选择"广播发布点"。

•"播放列表"：发布的流媒体来自播放列表，播放列表是由多个流媒体文件组成的文件列表。可以同时发布多个文件。

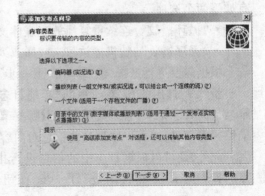

图6.21 设置发布点的名称　　　　　图6.22 设置内容类型

- "一个文件":只发布单个流媒体文件。
- "目录中的文件":发布的流媒体来自文件目录。

这里要发布的是已经存在的流媒体文件,所以选择"目录中的文件"。然后,单击"下一步"按钮。

步骤6:弹出图6.23所示的"发布点类型"对话框,选择"点播发布点",然后单击"下一步"按钮。

步骤7:弹出图6.24所示的对话框,设置点播源文件所在的目录位置。在"目录位置"文本框中显示的默认位置为"c:\WMPub\wmroot"。在这里,由于源文件位于另一个位置,所以单击"浏览"按钮选择预先准备好的文件目录"D:\视频欣赏"。如果选择"允许使用通配符对目录内容进行访问(允许客户端访问该目录及其子目录中的所有文件)"复选框,则表示允许客户端接收目录中的所有文件,而且用户在点播时可以通过"*"符号来同时指定目录中的所有文件。在这里,可以选择这个选项。然后单击"下一步"按钮。

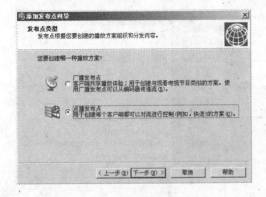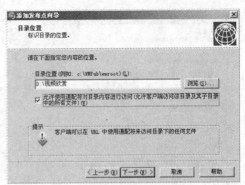

图6.23 设置发布点的类型　　　　　图6.24 设置目录的位置

步骤8:弹出图6.25所示的对话框,可以设置点播文件目录中文件的播放方式,有如下两个选项。

- "循环播放"：连续重复播放流媒体文件。
- "无序播放"：随机播放目录或播放列表中的流媒体文件。

根据需要进行选择，然后单击"下一步"按钮。

步骤9：弹出图6.26所示的"单播日志记录"对话框，选择是否进行单播日志记录。借助日志记录，管理员可以查看哪些节目最受欢迎，以及一天中哪些时段服务器最忙碌等信息，并可以根据这些信息对内容和服务进行相应的调整，以满足工作的需要。此外，还可以根据日志中的信息进行排错。在这里，推荐选择"是，启用该发布点的日志记录"。然后，单击"下一步"按钮。

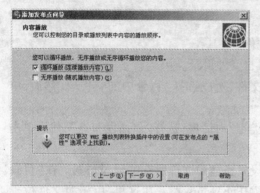

图6.25　设置内容播放的方式

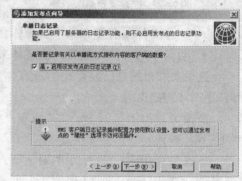

图6.26　启用单播日志记录功能

步骤10：弹出图6.27所示的"发布点摘要"对话框，对照显示的摘要内容进行确认。如果需要修改，可以通过单击"上一步"按钮进行修改；如果不需要进行修改，则单击"下一步"按钮。

步骤11：当出现图6.28所示的对话框时，单击"完成"按钮。

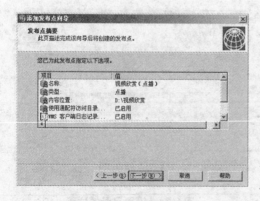

图6.27　检查摘要信息

图6.28　设置公告内容

通过步骤1~步骤11，即可在流媒体服务器中创建好一个点播发布点。

提示:在建立好点播发布点之后,还需要向用户发布有关的服务内容,让用户知道并访问点播服务,这就要使用公告文件。公告文件是一种 Windows Media 元文件,扩展名为 .asx,当播放机连接到 Windows Media 服务器时,公告文件为其提供接收内容所需的信息。当在网页上插入指向公告的链接后,用户就可以通过单击网页上的公告链接或直接打开公告来访问其中的内容。公告文件可以从网站分发到客户端,或者作为电子邮件附件发送或者在网络驱动器上共享。默认时,公告文件与 Windows Media Player 相关联。创建公告文件的最简单方法是使用公告向导。

下面将在流媒体服务器中创建公告文件。

步骤 1:在图 6.28 中选中"完成向导后创建公告文件(.asx)或网页(.htm)",单击"完成"按钮时会弹出图 6.29 所示的对话框,单击"下一步"按钮。这时将弹出图 6.30 所示的对话框。

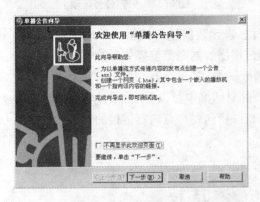

图 6.29 欢迎向导画面

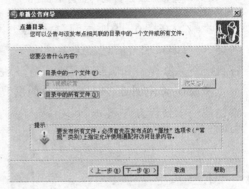

图 6.30 设置希望公告的内容

步骤 2:在图 6.30 所示的对话框中,设置希望公告的内容。如果在创建点播发布点的步骤 7 中选择的是允许使用通配符,那么这里可以选择"目录中的所有文件"来公告所有内容;如果前面没有选择允许使用通配符,则只能选择"目录中的一个文件"来选择公告一个文件。选择完毕后,单击"下一步"按钮。

步骤 3:弹出图 6.31 所示对话框,指定要公告内容的存放位置。这表明,当用户访问该公告文件时,Windows Media Player 将从该指定位置查找音频和视频文件。如果希望更改公告内容所在的位置,可以单击"修改"按钮,但是这里只能更改流媒体服务器的名称。单击"下一步"按钮。

步骤 4:弹出图 6.32 所示的"保存公告选项"对话框,对保存公告选项进行设置。如果希望更改公告文件的名称和保存地点,可以单击"浏览"按钮进行选择。一旦创建了公告文件后,用户便可以通过访问这个公告文件实现访问发布点中的流媒体文件。除了创建公告文件外,还可以创建一个带有嵌入的播放机和指向该内容链接的网页,然后将其发布到网站上。这样,用户就可以在网站上找到这个网页,并使用网页中嵌入的播放机来播放发布点中的流媒体文件了。设置完成后,单击"下一步"按钮。这时将弹出图 6.33 所示的对话框。

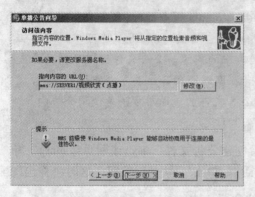

图 6.31　指定要公告的内容存放位置

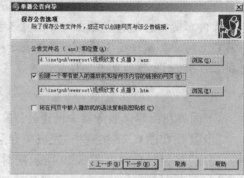

图 6.32　保存公告选项

　　步骤 5:在图 6.33 所示的对话框中,对公告元数据进行编辑。单击图中左侧的名称,即可编辑相关信息。这样,当客户端使用播放器浏览流媒体时能够看到这些内容,包括标题、作者和版权等信息。编辑完成后,单击"下一步"按钮。

　　步骤 6:弹出图 6.34 所示的对话框,从此对话框中可以看出,系统将在指定的位置创建一个公告文件和一个带有嵌入播放机并指向发布点内容链接的网页文件。单击"完成"按钮即可完成创建公告文件。

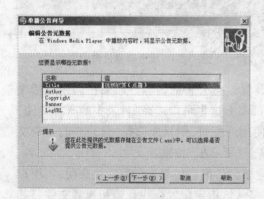

图 6.33　编辑公告元数据

图 6.34　完成"单播公告向导"

　　步骤 7:这时系统会自动打开图 6.35 所示的"测试单播公告"窗口,用来测试前面所做的所有设置是否正确。单击"测试公告"右侧的"测试"按钮开始测试所建立的公告文件能否正常工作。此时,系统会自动弹出 Windows Media Player 播放器,播放发布的流媒体内容,如图 6.36 所示。

　　步骤 8:在图 6.35 所示的窗口中,单击"测试带有嵌入的播放机的网页"右侧的"测试"按钮,可以测试带有嵌入的播放机的网页能否正常工作,如图 6.37 所示。

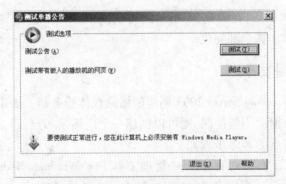

图 6.35 测试单播公告

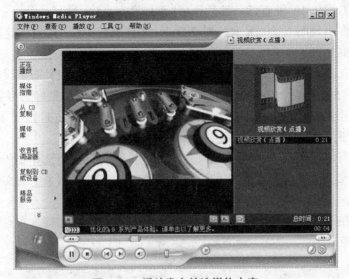

图 6.36 播放发布的流媒体内容

图 6.37 测试网页

步骤9:完成测试后,在图6.35所示的对话框中,单击"退出"按钮。此时,建立点播发布点的工作才算全部完成。

6.2.5 创建广播发布点

也可以使用 Windows Server 2003 创建广播流媒体服务器。如果希望客户端只能被动接收流媒体数据而不能控制,则可以创建一个广播发布点。

创建广播发布点的具体步骤如下。

步骤1:单击"开始"→"程序"→"管理工具"→"Windows Media Services",进入 Windows Media Services 管理窗口(如图6.19所示)。

步骤2:右键单击"发布点",然后选择"添加发布点(向导)"。

步骤3:在出现图6.20所示的对话框时,单击"下一步"按钮。这时将出现图6.38所示的对话框。

步骤4:在图6.38所示的"发布点名称"对话框中,为这个发布点设置名称。在设置具体名称时,可结合发布点传输内容类型自行定义。名称最好通俗易懂,因为要放到与客户相连接的 URL 地址中,所以这里起名为"视频欣赏(广播)"。然后,单击"下一步"按钮。

步骤5:当出现图6.22所示的"内容类型"对话框时,需要选择要传输的内容类型,由于这里要发布的是已经存在的流媒体文件,所以选择"目录中的文件"复选框。然后,单击"下一步"按钮。这时将弹出图6.39所示的对话框。

步骤6:在图6.39所示的"发布点类型"对话框中,选择"广播发布点",然后单击"下一步"按钮。

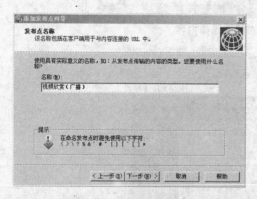

图6.38 创建广播发布点

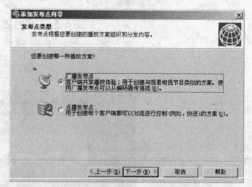

图6.39 设置发布点的类型

步骤7:在弹出的图6.40所示对话框中设定广播发布点的传递类型。这里选中"单播"。单击"下一步"按钮。

步骤8:在弹出的图6.41所示的"目录位置"对话框中,指定广播源文件所在的目录位置。这里单击"浏览"按钮,选择预先准备好的文件目录"D:\视频欣赏"。单击"下一步"按钮。

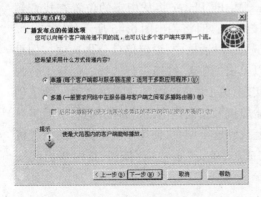

图6.40 设置传输类型

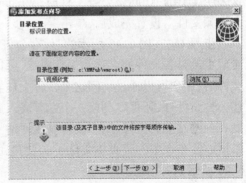

图6.41 设定广播源文件所在的目录位置

步骤9：在弹出的"内容播放"对话框中，设置点播文件目录中的文件的播放方式。这里选择"循环播放"，然后单击"下一步"按钮。

步骤10：在弹出的"单播日志记录"对话框中，选择是否进行单播日志记录。借助日志记录，管理员可以查看哪些节目最受欢迎，以及一天中哪些时段服务器最忙碌等信息，并据此对内容和服务进行相应的调整，以满足工作的需要。此外，还可以根据日志中的信息进行排错。在这里，推荐选择"是，启用该发布点的日志记录"。然后，单击"下一步"按钮。

步骤11：在弹出的图6.42所示的"发布点摘要"对话框中，对照显示的摘要内容进行确认。如果需要修改，可以通过单击"上一步"按钮进行修改。如果不需要进行修改，则单击"下一步"按钮。

步骤12：当出现图6.43所示的对话框时，单击"完成"按钮。

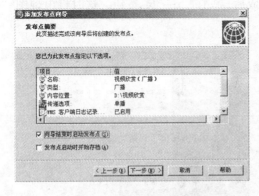

图6.42 检查摘要信息

图6.43 继续设置公告内容

步骤13：这时，会弹出"欢迎使用单播公告向导"的对话框，直接单击"下一步"按钮。

    步骤14：当出现图 6.44 所示对话框时，在此对话框中指定要公告内容的位置。这表明，当用户访问该公告文件时，Windows Media Player 将从指定的位置查找音频和视频文件。设置完成后，单击"下一步"按钮。这时将弹出图 6.45 所示的窗口。

    步骤15：在图 6.45 所示的"保存公告选项"对话框中，设置保存公告选项。如果希望更改公告文件的名称和保存地点，可以单击"浏览"按钮进行选择。创建了公告文件后，用户可以通过访问这个公告文件实现访问发布点中的流媒体文件。除了创建公告文件外，还可以创建一个带有嵌入播放机和指向该内容链接的网页，然后将其发布到网站上。这样，用户就可以在网站上找到这个网页，使用网页中嵌入的播放机来播放发布点中的流媒体文件了。设置完成后，单击"下一步"按钮，这时将出现图 6.46 所示的对话框。

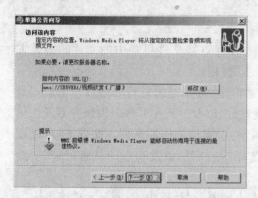 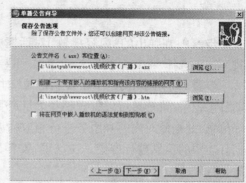

图 6.44   指定要公告的内容的位置   图 6.45   保存公告选项

    步骤16：在图 6.46 所示的对话框中，可以对公告元数据进行编辑。单击图中左侧的名称，即可编辑相关信息。这样，当客户端使用播放器浏览流媒体时能够看到这些内容，包括标题、作者和版权等信息。完成后，单击"下一步"按钮。这时将出现图 6.47 所示的对话框。

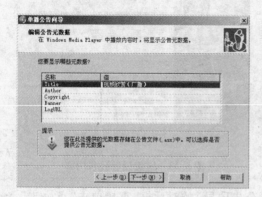 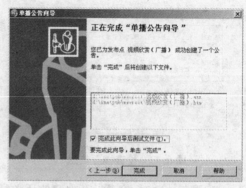

图 6.46   编辑公告元数据   图 6.47   完成"单播公告向导"

步骤17：在图6.47所示的对话框中可以看出，系统将在指定的位置处创建一个公告文件和一个带有嵌入播放机并指向发布点内容链接的网页文件。单击"完成"按钮，完成设置。

步骤18：这时，系统会自动打开图6.48所示的"测试单播公告"对话框，用来测试前面所做的所有设置是否正确。单击"测试公告"右侧的"测试"按钮开始测试所建立的公告文件能否正常工作。此时，系统会自动弹出 Windows Media Player 播放器，播放发布的流媒体内容，如图6.49所示。

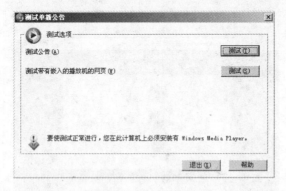

图6.48　测试单播公告

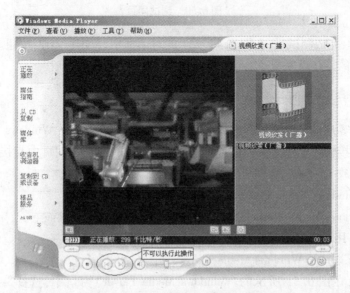

图6.49　播放发布的流媒体内容

提示:通过对比图6.36和图6.49,会发现这两种发布类型的不同之处。在对广播发布点进行测试时,Windows Media Player播放器的"上一个"和"下一个"控制按钮都是灰色的,表示用户不可以执行此操作,用户只能选择"播放"和"停止"控制按钮,如图6.49所示;而在图6.36所示的点播测试中,用户则可以执行"上一个"和"下一个"控制按钮。

步骤19:在图6.48所示的对话框中,单击"测试带有嵌入的播放机的网页"右侧的"测试",测试带有嵌入的播放机的网页能否正常工作,如图6.50所示。

图6.50　测试网页

步骤20:完成测试后,在图6.48所示的对话框中,单击"退出"按钮。此时,建立广播发布点的工作就完成了。

6.2.6 客户端如何进行视频点播

用户在客户端可以通过两种方式进行视频点播,一种是在Windows Media Player播放器中直接输入媒体文件存放地址进行播放,另一种是在网页中直接单击相应的链接即可播放。

1. 在Windows Media Player中直接输入地址播放

在Windows Media Player中直接输入地址播放的具体步骤如下。

步骤1:用户在客户端上单击"开始"→"程序"→"附件"→"娱乐"→"Windows Media Player",打开Windows Media Player,如图6.51所示。

步骤2:在图6.51所示的"Windows Media Player"窗口中,选择"工具"→"选项",并在弹出的对话框中选中"网络"选项卡,如图6.52所示。

步骤3:在图6.52中,首先选择"流协议"中列出的所有流协议,然后在"流代理

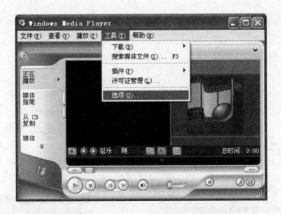

图 6.51 Windows Media Player **播放器**

服务器设置"列表框中选中"HTTP",再单击"确定"按钮。这时将弹出图6.53所示的对话框。

　　步骤4:在图6.53所示的对话框中,选中"使用Web浏览器的代理服务器设置",然后单击"确定"按钮。

　　步骤5:在图6.52所示的对话框中,再按照相同的方法把"MMS"协议设置为自动检测,把"RTSP"协议设置为自动检测,完成后如图6.54所示。单击"确定"按钮。

图 6.52　**设置"网络"选项卡**

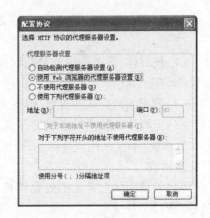

图 6.53　**设置配置协议**

　　步骤6:返回到图6.51所示的"Windows Media Player"对话框,在此窗口中选择"文件"→"打开URL",这时将弹出图6.55所示的对话框。

　　步骤7:在图6.55所示的对话框中的"打开"文本框中输入流媒体文件所在的路径或者具体的流媒体文件名,格式为"mms://流媒体服务器的名称或IP地址/流媒

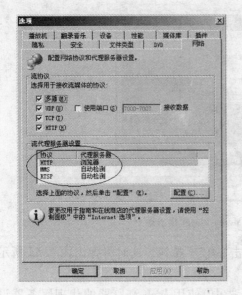

图 6.54　配置完成

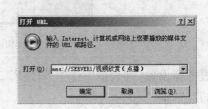

图 6.55　打开 URL

体文件名或所在文件夹"。这样,就可以访问了。

2.通过网页链接播放

通过网页链接播放的方法非常简单,只需在网页上做一个链接,把它指向流媒体文件就可以了。这样,用户可以使用浏览器直接访问该流媒体文件。

本章小结

(1)流媒体,简单地说就是指利用互联网传递,能被用户一边下载一边播放的活动媒体信息。

(2)常用的流媒体协议有 MMS、RSVP、RTSP、RTP 和 RTCP 等。

(3)流媒体的技术特点决定了流媒体文件的格式,流媒体文件是经过特殊编码的文件格式,不仅采用较高的压缩比,还加入了许多控制信息,使其适合在网络上边下载边播放。

(4)目前网络上常见的流媒体格式主要有 RealMedia 格式、Windows Media 格式和 QuickTime 格式。

(5)目前,应用于互联网上的流媒体发布方式主要有单播、广播、多播和点播 4 种。

(6)在客户端与流媒体服务器之间建立一条单独的数据通道,从一台服务器送出的每个数据包只能传送给一个客户机,这种传送方式称为"单播"。

(7)广播指的是由流媒体服务器发出流媒体数据,用户被动接收。在广播过程中,客户端只能接收流媒体数据而不能控制。

(8)采用多播方式,单台服务器能够对几十万台客户机同时发送连续数据流,而且没有时间延迟。流媒体服务器只需要发送一个数据包,而不是多个,所有发出请求的客户端共享同一数据包。

(9)点播是客户端主动连接服务器,在点播连接中,用户通过选择内容项目来初始化客户端连接,用户可以开始、暂停、快进、后退或停止流媒体文件。

(10)流媒体技术主要用于远程教育、现场点播和视频会议。

(11)目前,搭建流媒体服务器比较流行的方案有两种:Windows Media Services 服务器和 Real Media 服务器。

(12)Windows Media Services 服务器是 Windows Server 2003 自带的一项网络服务,它与微软公司提供的包括 Windows Media 编码器在内的多种编辑工具相结合,能够通过各种网络发布多媒体内容。

(13)运行 Windows Media Services 的服务器叫做"Windows Media 服务器",它允许通过网络发布内容。网络中的用户通过播放器(如 Windows Media Player)接收发布的内容。

(14)Helix Server 是网络中比较流行的流媒体服务器软件,它不仅是一个多平台的流媒体服务器软件,还是一个支持多格式流媒体文件的流媒体服务器软件。它既有 Windows 版的软件,又有 Linux 版的软件;既支持 Windows Media 格式的文件,又支持 Real Media 的流媒体文件格式。

思考与训练

1. 填空题

(1)常用的流媒体协议有(　　)、(　　)、(　　)等。

(2)流媒体文件是经过特殊编码的文件格式,不仅采用较高的(　　　),还加入了许多(　　)信息,使其适合在网络上边下载边播放。

(3)常见的流媒体格式主要有(　　)、(　　　)和(　　　)。

(4)目前,应用于互联网上的流媒体发布方式主要有(　　)、(　　　)、(　　)和(　　)4种。

(5)在客户端与流媒体服务器之间建立一条单独的数据通道,从一台服务器送出的每个数据包只能传送给一个客户机,这种传送方式称为(　　　)。

(6)(　　　)指的是由流媒体服务器发出流媒体数据,用户被动接收。在这种情况下,客户端只能接收流媒体数据而不能控制。

(7)采用(　　　)方式,单台服务器能够对几十万台客户机同时发送连续数据流,而且没有时间延迟。

(8)搭建流媒体服务器的方法有(　　　)和(　　　　)等。

(9)运行 Windows Media Services 的服务器叫做(　　　　　),它允许通过网络发布内容。

（10）Helix Server 是网络中比较流行的流媒体服务器软件,它既有(　　　　)版的软件,又有 Linux 版的软件;既支持 Windows Media 格式的文件,又支持(　　　　)的流媒体文件格式。

（11）目前,流媒体技术主要用于(　　　)、(　　　)和(　　　)。

2. 思考题

（1）常用的流媒体协议有哪些? 简述各种流媒体协议的特点。

（2）流媒体有哪些格式? 各有什么特点?

（3）流媒体发布方式有哪些? 各有什么特点?

（4）简述流媒体技术的主要应用场合。

（5）常用的流媒体服务器产品有哪些?

（6）什么是点播发布点? 如何创建点播发布点?

（7）什么是广播发布点? 如何创建广播发布点?

局域网连接 Internet 的方式

·7

局域网内的计算机可以通过多种方式连接到 Internet 中,但是各种方式都具有自己的优缺点。系统管理员需要根据具体情况,确定采用哪种方式把局域网连接到 Internet 中,从而可以让局域网内的计算机具备访问 Internet 资源的能力。

📖 本章主要内容
- ☑ 局域网连接 Internet 的不同方式
- ☑ 利用 NAT 连接 Internet
- ☑ 利用代理服务器连接 Internet

🗝 本章学习要求
- ☑ 了解局域网连接 Internet 的不同方式
- ☑ 掌握 NAT 服务器的搭建方法
- ☑ 掌握使用 SyGate 搭建代理服务器的方法

7.1   局域网连接 Internet 的方式简介

对于一个局域网来说,可以通过 4 种方式连接到 Internet 中,它们分别是通过路由器、使用防火墙、利用 NAT 服务器和利用代理服务器。

1.通过路由器

通过路由器的方式连接 Internet 时,其安全性一般,通常通过对路由接口设置筛选器,根据数据包的头部信息(即源 IP 地址、源端口号、目标地址、目标端口号、协议类型等)来控制流量,无法根据数据包中的内容进行控制。而且由仅具有路由功能的路由器所连接的局域网中的计算机必须使用公共 IP 地址才能访问 Internet,从而增加了成本。

2.使用防火墙

防火墙可以是一个软件产品,也可以是一个硬件产品。其优点是安全性高,可以通过建立一系列的安全规则对进出的数据流量进行控制。但是同样要求所连接的局域网中的计算机必须使用公共 IP 地址才能访问 Internet,从而增加了成本。

3.利用 NAT 服务器

NAT(Network Address Translator)实质上是一种服务,如果安装在普通的路由器上,它可以把局域网中使用私有 IP 地址的计算机所发出的数据包中的私有 IP 地址和端口号转换成公共的 IP 地址和端口号,然后把数据包转发到 Internet 上;当从 Internet 接收到数据包后,再把数据包中的公共 IP 地址和端口号转换成原来的私有 IP 地址和端口号,并把数据包发送给局域网中的计算机。利用 NAT 服务器,局域网中的计算机在使用私有 IP 地址的情况下,可以访问 Internet 资源,降低了成本。在使用 NAT 时,由于局域网中的计算机使用私有 IP 地址,而 Internet 的计算机使用公共 IP 地址,所以 Internet 中的计算机无法直接访问局域网中的计算机,它们只能间接通过 NAT 服务器的转换功能来实现访问私有 IP 地址的计算机。因此,NAT 服务器把使用私有 IP 地址的计算机相对于使用公共 IP 地址的计算机隐藏起来,这在一定程度上提高了安全性。需要注意的是:现在很多路由器和防火墙产品也都已经内置了 NAT 功能。

4.利用代理服务器

利用代理服务器(Proxy Server)连接 Internet 是目前比较好的一种解决方案。它同时包含了路由器、防火墙和 NAT 的功能。代理服务器既能够对内部局域网与 Internet 之间的访问进行严格的控制,又允许内部局域网的计算机使用私有 IP 地址,从而降低成本;而且还能够把用户曾经访问过的内容保存在自己的缓存中,当用户再次访问这些内容时,代理服务器可以把自己缓存中的内容交给用户,从而提高用户的访问速度。

本章将对利用 NAT 服务器和利用代理服务器两种方式连接 Internet 进行介绍。

7.2   利用 NAT 连接 Internet

NAT 是"Network Address Translation(网络地址转换)"的缩写,安装在普通的路由器上,在局域网与 Internet 之间起到一个桥梁作用,即可以通过 NAT 服务器把局域网和 Internet 连接起来,由 NAT 服务器负责把局域网内计算机访问 Internet 的请求转发到 Internet 上,然后再把来自于 Internet 的应答信息转发给局域网中的计算机,如图 7.1 所示。

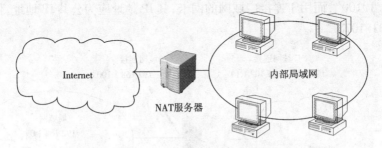

图 7.1   利用 NAT 服务器连接局域网与 Internet

7.2.1   NAT 服务器的特点

利用 NAT 服务器连接 Internet 具有以下几个特点。

(1)在连入 Internet 时,如果为内部局域网中每台计算机分别配置一个 Internet 的公共 IP 地址,不仅会耗占大量的 IP 地址资源也会增加连网成本,使用 NAT 服务器就可以解决这个问题。首先,将需要连入 Internet 的计算机连成一个局域网,并为它们分配私有 IP 地址;然后,配置 NAT 服务器,使其一端连接内部局域网(使用私有 IP 地址),而另一端连接 Internet(使用公共 IP 地址)。这样,就可以使内部局域网中的计算机共用 NAT 服务器的公共 IP 地址访问 Internet,即共用一个出口连入 Internet,从而减少申请公共 IP 地址的费用。

(2)在使用 NAT 时,由于局域网中的计算机使用私有 IP 地址,而 Internet 的计算机使用公共 IP 地址,所以 Internet 中的计算机无法直接访问局域网中的计算机,它们只能间接通过 NAT 的转换功能来实现访问私有 IP 地址的计算机。因此,NAT 把使用私有 IP 地址的计算机相对于使用公共 IP 地址的计算机隐藏起来,这在一定程度上提高了安全性。

(3)具有 DHCP 的功能,用来给局域网中的计算机自动分配局域网内的 IP 地址。

(4)具有 DNS 代理功能,可以替局域网内的计算机查询 IP 地址。

7.2.2   NAT 服务器的工作原理

图 7.2 所示的是 NAT 服务器的工作原理图。可以看出,内部局域网的客户机在访问 Internet 时所发出的请求并非直接发送到 Internet 的远程服务器,而是被送到了 NAT 服务器上,再由 NAT 服务器向 Internet 的远程服务器提出相应的申请,由它接收远程服务器提供的数据后再对内部局域网的客户机提供服务。因此在 NAT 服务器中至少需要有两个网卡,一个用来连接局域网,一个用来连接广域网。其中用于连接局域网的网卡,其 IP 地址为局域网内部的 IP 地址,即私有 IP 地址,例如图 7.2 中的 "192.168.1.100";而用于连接广域网的网卡,其 IP 地址应为公共 IP 地址,例如图 7.2 中的"131.107.1.1"。

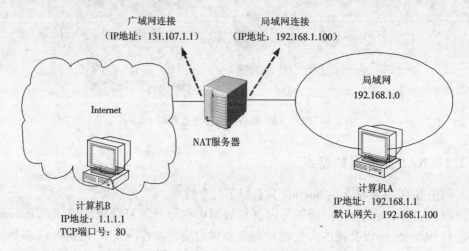

图 7.2   NAT 服务器的工作原理图

这里以图 7.2 所示的网络为例来说明 NAT 服务器的具体工作原理。假设局域网内部的计算机 A(IP 地址为 192.168.1.1)希望访问 Internet 中计算机 B 上的 Web 网站(IP 地址为 1.1.1.1,TCP 端口号为 80),将经过以下工作过程来实现连接。

步骤 1:用户在计算机 A 的 Web 浏览器中输入"http://1.1.1.1:80",希望访问 Internet 网络中位于计算机 B 中的 Web 网站资源,这时计算机 A 会把请求数据包发送给 NAT 服务器。该请求数据包的格式如下:

目标端口	目标 IP 地址	源端口号	源 IP 地址	数据
80	1.1.1.1	2080	192.168.1.1	Data

步骤 2:当 NAT 服务器接收到这个数据包后,由于数据包中具有局域网内的私有 IP 地址和私有端口号,这样的数据包无法发送到 Internet,所以 NAT 服务器会执行网

络地址转换的功能,即把数据包中的源 IP 地址和源端口号替换成自己公共接口的公共 IP 地址和公共端口号,并把这种替换关系保存在自己的缓存中。然后,NAT 服务器把转换后的数据包发送到 Internet。这个数据包格式如下:

目标端口	目标 IP 地址	源端口号	源 IP 地址	数据
80	1.1.1.1	3080	131.107.1.1	Data

同时,把以下 IP 地址和源端口号的转换关系存储到 NAT 服务器的缓存中:

缓存内容	
IP 地址	192.168.1.1 → 131.107.1.1
端口号	2080 → 3080

步骤 3:当 Internet 上的计算机 B 收到数据包后,它从数据包的源地址判断这个数据包是从 131.107.1.1 发送来的,所以会把响应发送给 131.107.1.1。发送的数据包格式如下:

目标端口	目标 IP 地址	源端口号	源 IP 地址	数据
3080	131.107.1.1	80	1.1.1.1	Data

步骤 4:当 NAT 服务器接收到这个数据包后,它首先通过查询自己的缓存,再把数据包的目标 IP 地址和端口号替换回原来的局域网内计算机 A 的 IP 地址和端口号。然后,把数据包发送给内部局域网的计算机 A。此时数据包的格式如下:

目标端口	目标 IP 地址	源端口号	源 IP 地址	数据
2080	192.168.1.1	80	1.1.1.1	Data

经过以上步骤,可以看出 NAT 服务器在转发数据包时,通过对数据包中的 IP 地址和端口号进行替换,局域网的计算机使用局域网内的私有 IP 地址就可以访问 Internet 中的资源,从而降低了申请公共 IP 地址的费用。另外,由于广域网中的计算机只能与 NAT 服务器进行通信,无法直接与局域网中使用私有 IP 地址的计算机进行通信,因此增加了局域网的安全性。

> 提示:一般情况下,局域网中有多台计算机,而 NAT 服务器只有一个公共 IP 地址,那么当局域网内多台计算机同时向 Internet 发送数据包时,它们的私有 IP 地址都会被替换成同一个公共 IP 地址,但是端口号会被替换成不同的端口号。因此,当 NAT 服务器收到返回的数据包时,它会从数据包中的目标端口号得知应该把该数据包发送给局域网的哪一台计算机。

例如,局域网中有两台计算机同时访问 Internet 中的 Web 网站(IP 地址为 1.1.1.1,端口号为 80)的网络资源,假设第一台计算机的 IP 地址为 192.168.1.1、端口号为 2080,第二台计算机的 IP 地址为 192.168.1.2、端口号也为 2080。当 NAT 服务器接收到这两个数据包时,可以对两个数据包的 IP 地址和端口号进行如下替换,并把替换结果存储在 NAT 服务器的缓存中。

对于第一台计算机:

	缓存内容
IP 地址	192.168.1.1 → 131.107.1.1
端口号	2080 → 3080

对于第二台计算机:

	缓存内容
IP 地址	192.168.1.2 → 131.107.1.1
端口号	2080 → 3081

当 NAT 服务器接收到由 Internet 中的 Web 网站发送来的两个数据包时,将根据数据包内的目标端口号来区分把哪个数据包发送给第一台计算机,把哪个数据包发送给第二台计算机。例如把下列形式的数据包发送给第一台计算机:

目标端口	目标 IP 地址	源端口号	源 IP 地址	数据
3080	131.107.1.1	80	1.1.1.1	Data

而把下列形式的数据包发送给第二台计算机:

目标端口	目标 IP 地址	源端口号	源 IP 地址	数据
3081	131.107.1.1	80	1.1.1.1	Data

这样,就可以实现局域网内多台计算机同时通过 NAT 服务器访问 Internet 中的资源了。

7.2.3 搭建 NAT 服务器

NAT 是一种协议,需要安装在普通的路由器上。而且在该路由器中至少具有两个网卡,一个网卡用来连接 Internet 网络,具有公共 IP 地址,另一个网卡用来连接内部局域网,其 IP 地址为局域网内的私有 IP 地址。我们可以在 Windows Server 2003 路由器中,按照下面的操作步骤搭建 NAT 服务器。

步骤 1:单击"开始"→"程序"→"管理工具"→"路由和远程访问",弹出图 7.3 所示的"路由和远程访问"管理控制台窗口。在此窗口中,右键单击"IP 路由选择"→"常规",从快捷菜单中选择"新增路由协议"。这时将弹出图 7.4 所示的对话框。

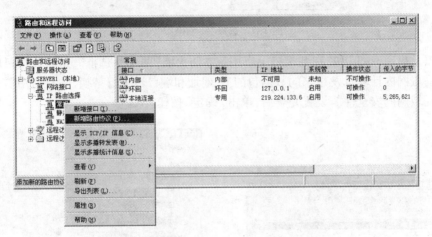

图 7.3 "路由和远程访问"管理控制台窗口

步骤 2:在图 7.4 所示的对话框中选择"NAT/基本防火墙",然后单击"确定"按钮,这时将出现图 7.5 所示的窗口。

步骤 3:在图 7.5 所示的窗口中,右键单击"NAT/基本防火墙",从快捷菜单中选择"新增接口",这时将弹出图 7.6 所示的对话框。

步骤 4:在图 7.6 所示的对话框中,选择"本地连接",然后单击"确定"按钮。这时将弹出图 7.7 所示的对话框。

步骤 5:在图 7.7 所示的对话框中,选择"公用接口连接到 Internet",把此接口设置为与 Internet 连接的接口,同时选中"在

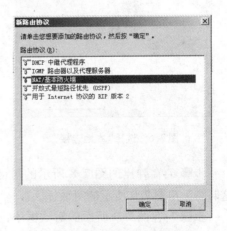

图 7.4 选择"NAT/基本防火墙"

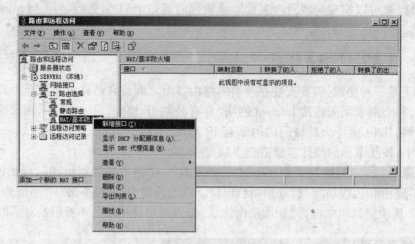

图 7.5　选择"新增接口"

此接口上启用 NAT"和"在此接口上启用基本防火墙"两个复选框。这时该接口就可以对局域网内计算机发送来的数据包的 IP 地址和端口号进行替换,并且启用防火墙提高局域网的安全性。设置完毕后,单击"确定"按钮。

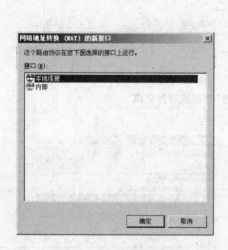

图 7.6　选择"本地连接"

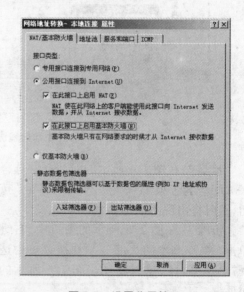

图 7.7　设置公用接口

　　步骤 6:在弹出的图 7.8 所示的对话框中,选择"内部",然后单击"确定"按钮。这时将弹出图 7.9 所示的对话框。

　　步骤 7:在图 7.9 所示的对话框中,选中"专用接口连接到专用网络",把该接口设置为与局域网相连接。完成后单击"确定"按钮。这时将出现图 7.10 所示的窗口。

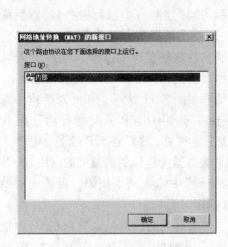

图 7.8　选择"内部"接口

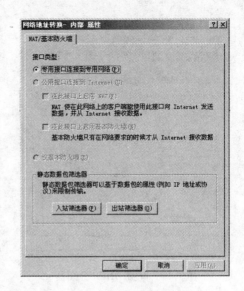

图 7.9　设置内部接口

步骤 8：在图 7.10 所示的窗口中可以看到，NAT 服务器具有两个网络接口，其中"本地连接"接口用于连接 Internent，"内部"接口用于连接局域网。

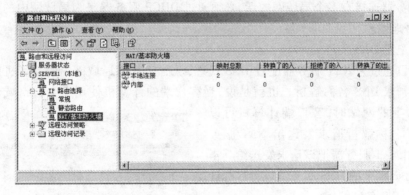

图 7.10　查看 NAT 网络接口

7.2.4　为 NAT 服务器配置 DHCP 分配器和 DNS 代理

NAT 服务器不仅可以用来连接局域网和 Internet，而且还可以为局域网内的计算机提供分配 IP 地址功能和 DNS 代理功能。

1. 配置 DHCP 分配器

可以为 NAT 服务器配置 DHCP 分配器，以便为局域网内的计算机分配私有 IP 地址。

可以按照下面的操作步骤配置 DHCP 分配器。

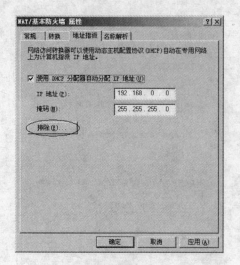

图 7.11　配置 DHCP 分配器

单击"开始"→"程序"→"管理工具"→"路由和远程访问",在打开的"路由和远程访问"控制台中选择服务器,然后展开"IP 路由选择",右键单击"NAT/基本防火墙",从快捷菜单中选择"属性",打开其属性对话框,并选中"地址指派"选项卡,对话框如图 7.11 所示。在此对话框中首先选中"使用 DHCP 分配器自动分配 IP地址"复选框,然后在"IP 地址"中输入NAT 服务器所连接的局域网的网络 ID,并在"掩码"中输入网络掩码。设置完后单击"确定"即可。

如果局域网内某些计算机的 IP 地址为静态 IP 地址,为了防止又把这些 IP 地址分配给其他的计算机,造成 IP 地址冲突问题,需要在图 7.11 中通过单击"排除"按钮把这些 IP 地址排除掉。

另外,一台 NAT 服务器的 DHCP 分配器只能设置一个网段的 IP 地址。如果该NAT 服务器连接有多个局域网的话,必须通过 DHCP 服务器来为局域网内的计算机分配 IP 地址。

2. 配置 DNS 代理

可以通过为 NAT 服务器配置 DNS 代理,从而使其替局域网内的计算机向 DNS服务器请求 DNS 名称解析。也就是说,当客户端的计算机使用完全合格域名访问

Internet 上的网站时,客户端计算机可以把 DNS 名称解析请求发送给 NAT 服务器,并由 NAT 服务器把该请求发送给其指向的 Internet 上的 DNS 服务器进行目标计算机的 DNS 名称解析。

可以按照下面的操作步骤配置 DNS代理。

单击"开始"→"管理工具"→"路由和远程访问",在打开的"路由和远程访问"控制台中选择服务器,然后展开"IP 路由选择",右键单击"NAT/基本防火墙",从快捷菜单中选择"属性",打开其属性对话框,并选中"名称解析"选项卡,如图7.12 所示。在此对话框中,首先选中"使

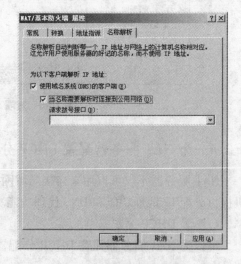

图 7.12　配置 DNS 代理

用域名系统(DNS)的客户端"复选框,这样,当局域网内的计算机要上网、发送电子邮件等操作时,NAT 服务器会代替这些用户向 DNS 服务器查询网站、邮件服务器等主机的 IP 地址。然后选中"当名称需要解析时连接到公用网络"复选框,并在"请求拨号端口"中选择某个指定的端口,表示需要进行 NDS 名称解析时,NAT 服务器将自动利用该端口拨号来连接 Internet,从而把 DNS 名称解析的请求发送给 Internet 上的DNS 服务器。

7.2.5　局域网内客户端计算机的配置

配置好 NAT 服务器之后,还需要对局域网内的客户端计算机进行配置,只有这样,当用户在客户端计算机上访问 Internet 网络资源时,客户机才会把该访问数据包发送给 NAT 服务器,再由 NAT 服务器对数据包中的 IP 地址及端口号进行替换后转发数据包,从而实现客户端计算机使用局域网内的私有 IP 地址访问 Internet 网络资源的目的。

对于客户端计算机的设置非常简单,只要修改客户端计算机的 TCP/IP 设置即可。具体操作过程如下。

右键单击"网上邻居",从快捷菜单中选择"属性",弹出图 7.13 所示的"网络连接"窗口。在该窗口中,右键单击"本地连接",从快捷菜单中选择"属性",弹出图7.14 所示的对话框,在该对话框中双击"Internet 协议(TCP/IP)"。这时将弹出图7.15 所示的对话框。

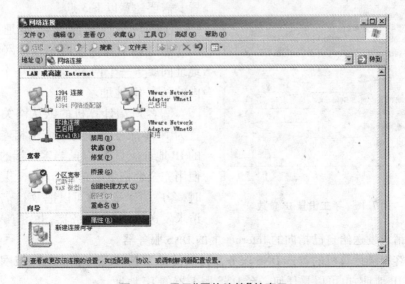

图 7.13　显示"网络连接"的窗口

在"Internet 协议(TCP/IP)属性"对话框中,可以选择以下两种设置方式。

(1)自动获取 IP 参数：如图 7.15 所示,如果选中"自动获得 IP 地址"和"自动获得 DNS 服务器地址",客户端计算机会自动向 NAT 服务器或 DHCP 服务器来索取 IP 地址、默认网关和 DNS 服务器的 IP 地址等。

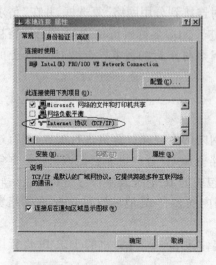

图 7.14 "本地连接"属性

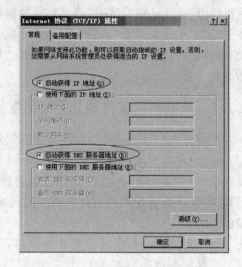

图 7.15 自动获得 IP 参数

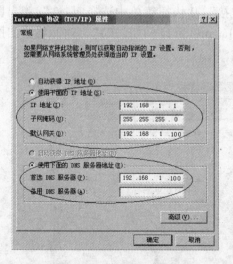

图 7.16 手工设置 IP 参数

（2）手工设置 IP 参数：例如对于图 7.2 所示局域网 192.168.1.0 中的计算机 A，可以按照图 7.16 所示 IP 参数进行设置。需要注意以下 3 点。

①客户端计算机的 IP 地址必须和 NAT 服务器中与局域网相连接网卡的 IP 地址同属于一个网段，即同为一个局域网内的私有 IP 地址。

②客户端计算机的默认网关必须设置为 NAT 服务器中与局域网相连接网卡的 IP 地址。只有这样，当客户端的计算机使用完全合格域名访问 Internet 上的网站时，客户端计算机才可以把 DNS 名称解析请求发送给 NAT 服务器，并由 NAT 服务器把该请求发送给自己指向的 Internet 上的 DNS 服务器。

③客户端计算机的首选 DNS 服务器可以设置为 NAT 服务器中与局域网相连接网卡的 IP 地址，也可以是任何一台 DNS 服务器的 IP 地址。

7.3 利用代理服务器连接 Internet

7.3.1 代理服务器概述

代理服务器具有 NAT 的功能,即可以把局域网内计算机连接 Internet 的请求转发到 Internet 上,然后再把来自于 Internet 的应答信息转发给局域网中的计算机。通过使用代理服务器,内部局域网中的计算机不需要申请使用 Internet 的公共 IP 地址,而只需配置免费的私有 IP 地址即可。当它们发出访问 Internet 的请求时,由代理服务器负责把请求中的私有的源 IP 地址和端口号转换成代理服务器自身的公共 IP 地址和端口号,然后转发给 Internet 上的计算机;当代理服务器接收到来自 Internet 上计算机的应答数据包后,再把应答数据包中公共的目标 IP 地址和端口号转换成私有的 IP 地址和端口号,返回给内部网络中提交请求的计算机。

目前,用于搭建代理服务器的常用代理软件有 SyGate、WinGate、ISA Server 等。

1. SyGate

SyGate 软件特别适合中小型企事业单位和家庭的计算机用户,它支持 Windows、UNIX 等在内的多种操作系统,还支持包括 Analog Modem、ISDN、Cable Modem、xDSL 等多种 Internet 接入方式。作为客户端的操作系统可以是 Windows、Linux、UNIX、Macintosh 等。

SyGate 软件具有以下特点。

(1)安装和设置简单。SyGate 软件的安装可以在几分钟内完成,最重要的是用户几乎不需要附加的配置。它提供的诊断工具可以在安装的过程中诊断用户的系统以确保 SyGate 的正常运行。

(2)能根据访问要求提供自动拨号以及超时自动断线的功能,任何一台客户机都可以控制 SyGate 服务器的拨号程序。

(3)安全性好。可以自由设定安全规则,防止信息泄漏;同时 SyGate 通过内置的安全防火墙,提供对局域网内部资源的周到保护,防止信息泄漏和黑客的攻击。

(4)界面友好。采用类似于 Windows 资源管理器的用户界面,提供快速配置向导等界面,非常容易学习和使用。

2. WinGate

WinGate 是一款最早基于 Windows 平台的代理服务器软件。WinGate 5.0 以后的版本提供了 WinGate VisNetic 病毒防护、WinGate VPN 虚拟专用网络、GateFilter Plug-in 筛选器和集成的电子邮件服务器等功能,使 WinGate 的用途扩展到能够提供高级用户管理和电子邮件服务器功能。不过,WinGate 的配置要比 SyGate 的配置复杂。

3. ISA Server

ISA Server 是微软公司开发的一种企业级的代理服务器软件,同时还提供了强大的防火墙功能,它与 Windows 系统的配合非常紧密,但是配置工作更为复杂。

ISA Server 主要具有以下特点。

(1)利用缓存实现快速的 Internet 访问。

(2)通过一个多功能的防火墙,实现数据包筛选、应用程序筛选和集成的入侵检测,从而保护内部网络数据的安全。

(3)使用企业级的策略实现集中的访问控制。

7.3.2 使用 SyGate 搭建代理服务器

SyGate 已成为全球最受欢迎的网关软件之一,使用它可以轻松搭建代理服务器。

1. 安装 SyGate 服务器

可以按照下面的操作步骤安装 SyGate 服务器。

步骤 1:双击 SyGate 软件的安装程序,将弹出图 7.17 所示的对话框,在此对话框中,单击"下一步"按钮。这时将弹出图 7.18 所示的对话框。

图 7.17 欢迎安装向导

步骤 2:在图 7.18 所示的"许可证协议"对话框中,浏览一下授权协议书,如果可以接受这个协议书的话,单击"是"按钮。只有同意接受这个授权协议书,才能安装 SyGate 软件,否则会终止程序的安装。

步骤 3:在弹出的图 7.19 所示的对话框中,指定程序的安装路径。可以采用默认路径,也可以通过单击"浏览"按钮更改安装路径。设置完成后,单击"下一步"按钮。这时将弹出图 7.20 所示的对话框。

步骤 4:在图 7.20 所示对话框中,设定安装程序将要在"开始"菜单中为该程序

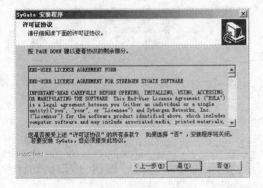

图 7.18　接受协议

图 7.19　指定安装路径

创建程序组的名称。可以在此自行设定一个名称,也可以采用默认名称,完成后,单击"下一步"按钮,便开始程序的安装。在安装的过程中,诊断程序会对计算机进行三方面的检测,即系统设定、网卡设定和 TCP/IP 设定。如果上述检测中任何一项失败,系统将显示问题和可能的解决措施。这时,应该单击"确定"按钮,然后单击"退出"按钮退出安装过程。

　　步骤 5:当出现图 7.21 所示对话框时,选择"服务器模式",把这台计算机配置为 SyGate 服务器。如果选择了"客户端模式"将不会工作。另外,还需要给这台计算机起一个名称。当上述项目都设置完毕后,单击"确定"按钮。

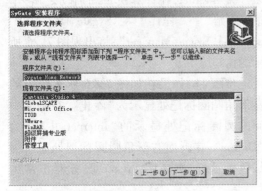

图 7.20　选择程序文件夹

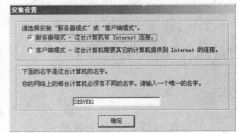

图 7.21　安装设置

　　步骤 6:这时需要将计算机物理连接到 Internet 上,然后再回到 SyGate 的安装过程。SyGate 安装程序将验证 Internet 连接和 TCP/IP 协议设定,如图 7.22 所示。

　　步骤 7:如果验证成功,将会出现如图 7.23 所示的提示框。

　　步骤 8:如果这是第一次安装 SyGate,单击"确定"则会弹出图 7.24 所示的对话框,表示目前正在试用该软件。如果希望试用这个软件,则单击"确定"按钮;如果希望通过 SyGate 网站购买这个软件或者已经购买而希望注册这个软件,则单击"购买/

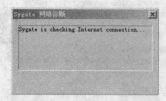

图 7.22　检查 Internet 连接

图 7.23　验证成功的画面

注册"按钮。这时将出现图 7.25 所示的对话框。

　　步骤 9：为了运行 SyGate，在图 7.25 所示的对话框中单击"是"按钮，重新启动计算机。当系统重新启动后，SyGate 软件将自动运行。

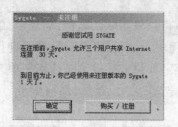

图 7.24　购买或注册

图 7.25　重新启动计算机

图 7.26　SyGate 管理器

　　步骤 10：为了验证是否可以通过 SyGate 来连接 Internet，在计算机重新启动之后，单击"开始"→"程序"→"Sygate Home Network"→"Sygate Manager"，将出现图 7.26 所示的窗口。

　　步骤 11：如果在如图 7.26 所示窗口的左上角圆圈标记处显示为"停止"、在画面中间的圆圈标记处显示的"Internet 共享"为"Online"、在画面右下角圆圈标记处显示为绿色指示灯，则表明 SyGate 服务器正常运行。

　　步骤 12：如果希望在 SyGate 管理窗口中查看高级选项，可以在图 7.26 所示的窗口中单击"高级"按钮，这时将出现图 7.27 所示的窗口。如果再次单击"高级"按钮，则 SyGate 管理窗口又会还原成图 7.26 所示窗口。

　　当成功安装了 SyGate 之后，在计算机屏幕右下角的系统托盘中会出现 图标，说明 SyGate 正常运行。

图 7.27　查看"高级"选项

> 提示:根据系统托盘中的 SyGate 图标,可以知道 SyGate 的当前状态。
> - 蓝:SyGate 已启动,Internet 已连接。
> - 黑:SyGate 已启动,但 Internet 未连接。
> - 白:SyGate 尚未启动,Internet 未连接。
> - 红色圆环线穿过:客户端上的 SyGate Manager 与服务器上的 SyGate Manager 不能通信。
> - 闪烁的图标:SyGate 正在按指定的拨号连接进行拨号。

2. 配置 SyGate 服务器

下面将对如何配置 SyGate 服务器进行介绍。

1)基本配置

在图 7.27 所示窗口中,单击"配置"图标,这时会弹出图 7.28 所示的"配置"对话框。在这个对话框中可以对 SyGate 进行最基本的设置。

(1)"直接 Internet/ISP 连接"区域。在这个区域中列出了 3 种连接 Internet 的方法:自动检测、拨号上网和以太网,用户可以根据自己使用的连接 Internet 的类型从中进行选择。如果选择"自动检测",那么 SyGate 会自动查找计算机上的 Internet 连接类型。如果计算机使用的是标准的调制解调器上网,那么选择"拨号上网"。如果计算机使用一个局域网连接上网,那么选择"以太网"。这里推荐使用"自动检测",以避免自行选择的麻烦。

(2)"拨号网络设置"区域。如果用户使用拨号的方式连接 Internet,那么需要对拨号网络设置进行配置。

①自动拨号:当用户使用安装了 SyGate 客户端的计算机访问 Internet 时,他的请求会被送到 SyGate 服务器。但是,如果此时 SyGate 服务器并没有连接到 Internet,则用户将无法访问 Internet。为此,需要 SyGate 服务器的管理员手工把 SyGate 服务器连接到 Internet,显然这会增加管理员的工作量。为了解决这个问题,可以在此区域

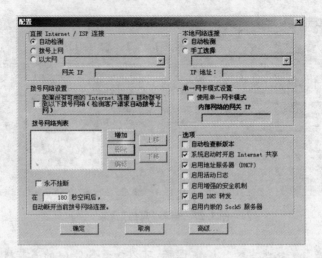

图 7.28　配置 SyGate

图 7.29　设置拨号项

选择"如果没有可用的 Internet 连接,自动拨号到以下拨号网络(检测客户请求自动拨号上网)"选项。这样,当用户在安装了 SyGate 客户端的计算机上试图访问 Internet 时,SyGate 服务器能够自动为它拨通 Internet。要注意,自动拨号功能只针对客户端,SyGate 服务器本身并不使用这个功能。然后,可以单击在"拨号网络列表"右侧的"增加"按钮,将出现图 7.29 所示的对话框,在此对话框的"Dialup Entry"中选择一个用于连接 Internet 的拨号连接。根据需要,在"用户名"和"密码"文本框中设置用于此拨号连接的身份信息。设置完成后,单击"确定"按钮返回,对话框如图 7.30 所示。也可以增加多个拨号连接,当有多个拨号连接时,可以通过单击"上移"和"下移"按钮来调整每个拨号连接的顺序。这样,SyGate 在没有可用的 Internet 连接情况下,会按照由上到下的顺序依次尝试使用。

②挂断拨号连接:如果不希望挂断拨号连接,则可以选择"永不挂断"复选框。这样,即使客户端不再访问 Internet,SyGate 服务器也不会挂断与 Internet 的连接。如果希望在客户端不再访问 Internet 时,SyGate 服务器能够自动挂断与 Internet 的连接,可以设置"在　秒空闲后,自动断开当前拨号连接"。这样,当这条线路处于空闲的状态持续指定的时间长度后,SyGate 服务器会自动断开当前的拨号连接。

(3)"本地网络连接"区域。在此区域可以设置 SyGate 服务器使用哪个网卡与局域网中的其他计算机进行通信。可以选择"自动检测",由 SyGate 自动检测可用的网卡;也可以选择"手工选择",直接设置用于局域网通信的网卡,在"IP 地址"栏中会自动显示分配给该网卡的 IP 地址。

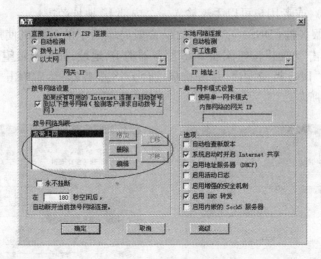

图7.30 设置后的画面

（4）"单一网卡模式设置"区域。如果希望 SyGate 服务器使用单个网卡同时连接内部局域网和 Internet,那么应该选中"使用单一网卡模式"复选框,同时还需要为内部局域网手工指定一个网关的 IP 地址(如 192.168.1.1)。在此情况下,当局域网内的计算机希望通过 SyGate 服务器连接 Internet 时,则会把数据包发送给这个 IP 地址。

（5）"选项"区域。该区域中常用的有以下几个复选框。

①"自动检查新版本":选择此项后,SyGate 将会通知用户有关 SyGate 产品的更新信息。

②"系统启动时开启 Internet 共享":选择此项后,每次开机后系统都会自动启动 SyGate 服务。建议勾选此项。

③"启用地址服务器(DHCP)":启动 SyGate 内置的 DHCP 服务。这样,当局域网中的计算机访问 Internet 时,SyGate 服务器会自动为这些客户机分配 IP 地址。

④"启用 DNS 转发":选择此项后,系统会自动启动 SyGate 的 DNS 转发器。同时,需要把局域网内的计算机的 DNS 服务器地址设置为 SyGate 服务器的 IP 地址。这样,当局域网中的计算机使用完全合格域名(如"http://www.abc.com")访问 Internet 时,SyGate 服务器会把客户机的 DNS 查询请求转发给自己所指向的 Internet 的 DNS 服务器。

2）高级设置

可以在图 7.30 中单击"高级"按钮,可以进行高级设置。这时会弹出图 7.31 所示的对话框。在此对话框中可以对以下选项进行设置。

（1）"地址服务器(DHCP)"区域。在这里可以决定是否允许 SyGate 为局域网的计算机自动选择可供分配的内部 IP 地址范围(默认为 192.168.0.1 至

192.168.0.254),或者用户可以手工输入一个内部 IP 地址范围。

（2）"域名服务器（DNS）"区域。如果希望局域网中的计算机使用特定的 DNS 服务器,可以单击"增加"按钮添加 DNS 服务器的 IP 地址;如果不希望使用某台 DNS 服务器,可以在"DNS 搜索顺序"中先选择这台 DNS 服务器,然后单击"删除"按钮即可。如图 7.32 所示。

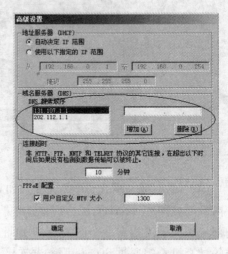

图 7.31 高级设置   图 7.32 设置 DNS 服务器

3）共享资源

如果希望局域网的计算机共享自己的本地驱动器或打印机资源,可以在图 7.27 所示的窗口中单击"资源"图标,这时会弹出图 7.33 所示的对话框。在此对话框中选中"本地"选项卡,在"私有资源"栏中选择本地驱动器或打印机,然后单击"共享"按钮。这样,网络中的用户就可以访问 SyGate 服务器上这些被共享的资源了。如果不再希望共享某些资源,则可以在"共享资源"栏中选中这些资源,然后单击"删除"按钮即可。

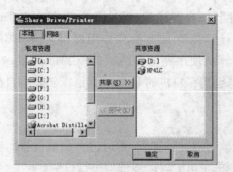

图 7.33 共享资源

4）过滤不良信息

在 SyGate 中，可以通过使用黑白名单来过滤不良信息，从而提高所连接局域网的安全性。具体操作步骤如下。

步骤1：在图 7.27 所示窗口中单击"权限"图标，这时会弹出图 7.34 所示的对话框，在此对话框中需要输入管理员的密码，也就是说，只有知道此密码的人才能够设置黑白名单。输入密码后，单击"确定"按钮。这时会弹出图 7.35 所示的对话框。

图 7.34　输入管理员密码

步骤2：在图 7.35 所示的"权限编辑器"对话框中，有 "Black List"（黑名单）和"White List"（白名单）两个选项卡。其中，黑名单是禁止访问的列表，而白名单则是允许访问的列表。

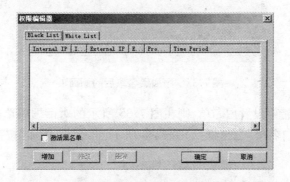

图 7.35　设置黑名单和白名单

步骤3：如果希望设置黑名单，则在图 7.35 所示的对话框中单击"Black List"选项卡，然后选中"激活黑名单"复选框，再单击"增加"按钮。这时将弹出图 7.36 所示的对话框。

图 7.36　添加项目

步骤4：在图 7.36 所示的对话框中，需要在 "协议类型"中设定禁止的网络协议类型，有 "TCP"和"UDP"两个选项。在"内网 IP 地址" 及"端口"中设定禁止内部局域网中哪些 IP 地址的计算机使用什么端口访问 Internet。在"外网 IP 地址"及"端口"中设定禁止访问 Internet 中哪些 IP 地址的计算机的什么端口。如果 IP 地址为 0.0.0.0 则表示所有的 IP 地址。然后选择"在以下期间"选项，这表明可以设定禁止访问的时间和日期。在"开始"区域中设定"月"、"星期"、"小时"和"分钟"，表明禁止访问的起始时间。在"持续"区域中设定"日"、"小时"和"分钟",表明禁止访问的持续时间。设置完成后,单击"确定"按钮。

步骤5:这时,可以在权限编辑器中看到添加的项目,如图7.37所示。如果希望继续添加新的项目,则再次单击"增加"按钮重复以上操作。如果希望对已有的项目进行修改,则先选择希望修改的项目,然后单击"修改"按钮进行修改。如果希望删除已有的项目,则先选择该项目,再单击"删除"按钮。

图7.37 添加黑名单后的画面

步骤6:如果希望设置白名单,则在图7.35所示的对话框中单击"White List"选项卡,选择"激活白名单"复选框,如图7.38所示,再单击"增加"按钮。

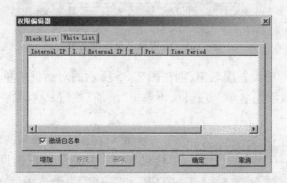

图7.38 设置白名单

步骤7:这时将出现图7.36所示的对话框,在"协议类型"中设定允许使用的网络协议类型,这里有"TCP"和"UDP"两个选项。在"内网IP地址"及"端口"中设定允许内部局域网中哪些IP地址的计算机使用什么端口访问Internet。在"外网IP地址"及"端口"中设定允许访问Internet中哪些IP地址的计算机的什么端口。如果IP地址为"0.0.0.0"则表示所有的IP地址。然后选择"在以下期间"选项,这表明可以设定允许访问的时间和日期。在"开始"区域中设定"月"、"星期"、"小时"和"分钟",表明允许访问的起始时间。接着,在"持续"区域中设定"日"、"小时"和"分钟",表明允许访问的持续时间。最后单击"确定"按钮。

步骤 8：这时，可以在权限编辑器中看到添加的项目，如图 7.39 所示。如果希望继续添加新的项目，则再次单击"增加"按钮重复以上操作。如果希望对已有的项目进行修改，则先选择希望修改的项目，然后单击"修改"按钮进行修改。如果希望删除已有的项目，则先选择该项目，再单击"删除"按钮。

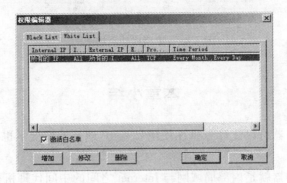

图 7.39　添加白名单后的画面

3. 配置 SyGate 客户端

可以为局域网内的计算机安装 SyGate 客户端，也可以不安装。安装 SyGate 客户端的目的是可以实现一些特殊的功能，比如检查 Internet 的连接状态、自动拨号上网或自动挂断等。

如果不希望在局域网的计算机上安装 SyGate 客户端，那么只需要把这些计算机的默认网关设置为 SyGate 服务器的 IP 地址即可。用户无需对自己的应用软件进行任何设置，便可以通过 SyGate 访问 Internet 中的资源。

如果在局域网的计算机上安装 SyGate 客户端，其安装过程的前几个操作步骤与安装 SyGate 服务器软件的操作步骤完全一样，但是在安装步骤的第 5 步需要选择"客户端模式"，如图 7.40 所示。

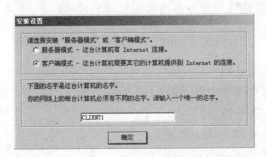

图 7.40　选择"客户端模式"

接下来 SyGate 将运行系统诊断，如果完全成功，将出现一个如图 7.41 所示的显示成功信息的对话框。这时单击"确定"按钮即可。安装完毕后，系统要求重启计算机，才可以使设置生效。

图 7.41　诊断成功后的画面

本章小结

（1）代理服务器可以让计算机在使用私有 IP 地址的情况下也可以访问 Internet 资源。

（2）代理服务器就是内部局域网与 Internet 之间的中间代理机构，它负责把局域网内的 Internet 请求转发到 Internet 上，然后再把来自于 Internet 的应答信息转发给局域网中的计算机。

（3）代理服务器的主要功能有节省连入 Internet 的 IP 地址、减少出口流量、用户管理和防火墙等。

（4）目前，用于搭建代理服务器的常用代理软件有 SyGate、WinGate、ISA Server 等。

思考与训练

1. 填空题

（1）代理服务器的主要功能有（　　　）、（　　　）和（　　　）等。

（2）目前，用于搭建代理服务器的常用代理软件有（　　）、（　　　）、（　　　）等。

2. 思考题

（1）什么是代理服务器？

（2）代理服务器有哪些主要功能？

（3）SyGate 具有哪些特点？

（4）如何启动和关闭 SyGate 服务？

（5）如何判断 SyGate 是否正常运行？

（6）如何设置 SyGate 在计算机启动后自动运行？

（7）简述如何使用 SyGate 的 DHCP 服务。

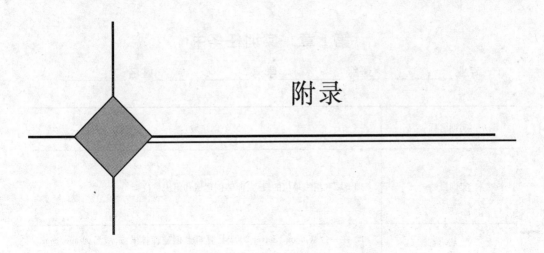

附录

本附录包括各章的实训任务书。通过本部分内容使读者能够加深对各章理论知识的理解，并能提高实际操作能力。

第 1 章　实训任务书

专业＿＿＿＿＿＿＿**班级**＿＿＿＿＿＿**学号**＿＿＿＿＿＿＿**姓名**＿＿＿＿＿＿

实训名称	创建域
实训目的	理解域和组织单位的概念,能够创建域和组织单位
实训内容	1. 在一台 Windows Server 2003 计算机上创建森林根域,域名为 abc. com,DNS 服务器指向自己 2. 把一个工作组中的计算机加入到这个域中 3. 公司有 3 个部门:销售部、培训部和技术支持部,为这 3 个部门分别建立组织单位 4. 在这 3 个组织单位中分别建立 5 个用户账户
实训要求	能够创建森林根域和组织单位
解决方案与步骤	
收获与问题	

教师评价		成 绩	

第 2 章　实训任务书

专业＿＿＿＿＿＿＿班级＿＿＿＿＿＿学号＿＿＿＿＿＿＿＿姓名＿＿＿＿＿＿

实训名称	管理域用户账户和组账户
实训目的	理解域用户账户和组账户的概念,能够执行相应的管理工作
实训内容	1. 在一个 Windows Server 2003 域中创建两个域用户账户。一个用于普通用户,名为"user1";另一个用于临时用户,名为"temp1" 2. 为这两个用户账户设置个人信息 3. 对临时用户账户"temp1",设置登录时间(只允许在周一至周五的上午 9 点至 11 点登录到域)以及限制登录地点(只能在域中的名为"temp_server" 计算机上工作) 4. 如果使用"user1"的用户由于生病而在一段时间内无法上班,禁用他的用户账户 5. 如果使用"user1"的用户忘记了自己的账户密码,为其重设账户密码 6. 如果使用"temp1"的临时用户辞职离开了公司,删除该用户的用户账户 7. 创建一个组账户,名为"user_group",并把一些用户账户加入到这个组账户中
实训要求	能够创建和管理域用户账户和组账户
解决方案与步骤	
收获与问题	
教师评价	成绩

第 3 章   实训任务书

专业_____ 班级_____ 学号_____ 姓名_____

实训名称	使用 IIS 配置 Web 服务器
实训目的	理解 Web 服务及其工作原理,掌握使用 IIS 搭建和配置 Web 站点的方法与步骤
实训内容	1. 在网络中配置一台 Web 服务器,以允许用户通过完全合格域名来访问 Web 网站。该服务器的 IP 地址为 192. 168. 1. 1,其完全合格域名为 sale. abc. com,端口号为 80,主目录为 D:\website1,允许匿名访问。网络中 DNS 服务器的 IP 地址为 192. 168. 1. 100 2. 在这台服务器上再建立一个 Web 网站,以允许用户通过完全合格域名来访问 Web 网站。其完全合格域名为 training. abc. com,端口号为 80,主目录为 D:\website2,允许匿名访问。网络中 DNS 服务器的 IP 地址为 192. 168. 1. 100
实训要求	能够创建 Web 网站,能够对 Web 网站进行基本设置和管理,掌握在同一台计算机上创建多个 Web 网站的方法
解决方案与步骤	
收获与问题	
教师评价	成 绩

第4章　实训任务书

专业_____班级_____学号_____姓名_____

实训名称	使用 IIS 配置 FTP 服务器
实训目的	理解 FTP 服务及其工作原理,掌握使用 IIS 搭建和配置 FTP 站点的方法与步骤
实训内容	1. 在网络中配置一台 FTP 服务器,以允许用户通过完全合格域名来访问 FIP 站点。该服务器的 IP 地址为 192.168.1.1,其完全合格域名为 ftp.abc.com,端口号为 21,主目录为 D:\ftpsite1,允许匿名访问,但是禁止 IP 地址为 192.168.1.50 的计算机上用户的访问。网络中 DNS 服务器的 IP 地址为 192.168.1.100 　2. 在这台 FTP 服务器上创建一个虚拟目录,虚拟目录指向所的文件夹路径为 E:\software,虚拟目录的别名为 software 　3. 在这台 FTP 服务器上创建一个将用户隔离的 FTP 站点。用户"user1"和用户"user2"只能访问各自的文件夹
实训要求	能够创建 FTP 站点,能够对 FTP 站点进行基本设置和管理,能够限制用户只能访问自己主目录中的内容
解决方案与步骤	
收获与问题	
教师评价		成　绩	

第 5 章　实训任务书

专业＿＿＿＿＿＿班级＿＿＿＿＿＿学号＿＿＿＿＿＿＿＿姓名＿＿＿＿＿＿

实训名称	使用 IIS 配置 FTP 服务器
实训目的	理解电子邮件服务及其工作原理,掌握使用 IIS 搭建和配置邮件服务器的方法与步骤
实训内容	如附录图 1 所示,在网络中配置两台邮件服务器,一台邮件服务器(IP 地址为 192.168.1.100)上建立本地域 abc.com,另一台邮件服务器(IP 地址为 192.168.1.200)上建立本地域 efg.com。用户 John 在负责 abc.com 域的邮件服务器上有一个邮箱 John@abc.com;用户 David 在负责 efg.com 域的邮件服务器上有一个邮箱 David@efg.com。现在希望用户 John 在自己的计算机(IP 地址为 192.168.1.1)上使用 Outlook Express 软件给用户 David 发送一封电子邮件,David 在自己的计算机(IP 地址为 192.168.1.2)上使用 Outlook Express 软件接收这封邮件 附录图 1　配置要求
实训要求	能够安装 SMTP 服务,安装 POP3 服务,建立电子邮件域,建立用户电子邮箱,设置电子邮件客户端,配置 SMTP 服务器,管理 SMTP 服务器
解决方案与步骤	
收获与问题	
教师评价	成 绩

第6章 实训任务书

专业＿＿＿＿＿班级＿＿＿＿＿学号＿＿＿＿＿＿姓名＿＿＿＿＿

实训名称	使用 Windows Media Services 配置流媒体服务器
实训目的	理解流媒体技术,掌握使用 Windows Media Services 搭建和管理流媒体服务器的方法与步骤
实训内容	如附录图2所示,在网络中配置一台 Windows Media Services 流媒体服务器(IP 地址为 192.168.1.1),上面建立一个点播发布点,名称为"视频点播",里面存放一些视频文件(注意:这些文件的扩展名应为. asf、. wma 和. wmv 等,如果是其他格式的文件还需要经过格式转换才可以在 Windows Media Services 服务器端发布)供用户访问。用户 David 在自己的计算机(IP 地址为 192.168.1.100)上使用 Windows Media Player 播放器在线收看这些视频文件 Windows Media Services 流媒体服务器 (IP地址:192.168.1.1) 在线点播 局域网　　　　　　　　　　　　　　David (IP地址: 192.168.1.100) 附录图2　配置要求
实训要求	能够使用 Windows Media Services 创建和管理流媒体服务器,能够发布流媒体文件
解决方案与步骤	
收获与问题	
教师评价	成绩

第 7 章　实 训 任 务 书

专业＿＿＿＿＿＿班级＿＿＿＿＿＿学号＿＿＿＿＿＿＿＿姓名＿＿＿＿＿＿

实训名称	使用 SyGate 配置代理服务器
实训目的	理解代理服务器的工作原理与功能,掌握创建和配置代理服务器的方法与步骤
实训内容	1. 如附录图 3 所示,在网络中配置一台 SyGate 服务器,它使用 ADSL 或以太网宽带接入 Internet,使用一个网卡连接内部局域网(IP 地址为为 192.168.0.1) 2. 用户 David 在自己的计算机(IP 地址为 192.168.0.2)上希望通过这台 SyGate 服务器访问 Internet 资源,为该用户配置 SyGate 客户端 LAN（连接） （IP地址：192.168.0.1） 宽带连接 Internet　（SyGate服务器）　内部局域网 IP地址：192.168.0.2 默认网关：192.168.0.1 DNS服务器：192.168.0.1 **附录图 3　配置要求**
实训要求	能够使用 SyGate 搭建代理服务器,能够对代理服务器进行基本设置和管理,能够配置用户的访问
解决方案与步骤	
收获与问题	
教师评价	成绩

参 考 文 献

[1] 李均义,余超. 新编 Internet 基础及应用教程[M]. 北京:北方交通大学出版社,清华大学出版社,2002.

[2] 孙青. 代理服务器安装配置与应用[M]. 北京:冶金工业出版社,2002.

[3] 臧波. 网络管理技术专家门诊[M]. 北京:清华大学出版社,2005.

[4] 戴有炜. Windows Server 2003 网络专业指南[M]. 北京:清华大学出版社,2004.

[5] 许文胜等. 局域网基础与实战[M]. 上海:上海科学技术出版社,2004.